国家中等职业教育改革发展
示范校核心课程系列教材

畜禽繁殖与改良技术
操作流程

Chuqin Fanzhi yu Gailiang Jishu Caozuo Liucheng

韩凤奎　主编　杨春艳　副主编

U0340580

中国农业大学出版社
CHINA AGRICULTURAL UNIVERSITY PRESS

内 容 简 介

本教材根据养殖场动物繁育员岗位的实际工作需要,按牛、猪、羊、禽4个主要动物养殖种类,分为牛的繁殖技术、猪的繁殖技术、羊的繁殖技术、家禽繁殖技术4个项目。充分考虑项目的实用性、典型性、可操作性以及可拓展性等因素,使学习任务对应实际工作任务的需要,实现实践技能与理论知识的有机结合。

图书在版编目(CIP)数据

畜禽繁殖与改良技术操作流程/韩凤奎主编.—北京:中国农业大学出版社,2016.3

ISBN 978-7-5655-1498-2

Ⅰ.①畜… Ⅱ.①韩… Ⅲ.①畜禽-繁殖-技术操作规程②畜禽育种-技术操作规程 Ⅳ.①S814-65 ②S814-65

中国版本图书馆 CIP 数据核字(2016)第 021771 号

书　　名	畜禽繁殖与改良技术操作流程		
作　　者	韩凤奎　主编		
策划编辑	赵　中	责任编辑	田树君
封面设计	郑　川	责任校对	王晓凤
出版发行	中国农业大学出版社		
社　　址	北京市海淀区圆明园西路 2 号	邮政编码	100193
电　　话	发行部 010-62818525,8625	读者服务部	010-62732336
	编辑部 010-62732617,2618	出 版 部	010-62733440
网　　址	http://www.cau.edu.cn/caup	**E-mail**	cbsszs @ cau.edu.cn
经　　销	新华书店		
印　　刷	涿州市星河印刷有限公司		
版　　次	2016 年 3 月第 1 版　　2016 年 3 月第 1 次印刷		
规　　格	787×980　　16 开本　　12 印张　　210 千字		
定　　价	23.00 元		

国家中等职业教育改革发展示范校核心课程系列教材建设委员会成员名单

主 任 委 员:赵卫琍

副主任委员:栾　艳　何国新　江凤平　关　红　许学义

委　　　员:(按姓名汉语拼音排序)

边占山　陈　禹　韩凤奎　金英华　李　强

梁丽新　刘景海　刘昱红　孙万库　王昆朋

严文岱　要保新　赵志顺

编写人员

主　　编　韩凤奎

副 主 编　杨春艳

编写人员　韩凤奎　杨春艳　刘桂文

职业教育是"以服务发展为宗旨,以促进就业为导向"的教育,中等职业学校开设的课程是为课程学习者构建通向就业的桥梁。无论是课程设置、专业教学计划制定、教材选择和开发,还是教学方案的设计,都要围绕课程学习者将来就业所必需的职业能力形成这一核心目标,从宏观到微观逐级强化。教材是教学活动的基础,是知识和技能的有效载体,它决定了中等职业学校的办学目标和课程特点。因此,教材选择和开发关系着中等职业学校的学生知识、技能和综合素质的形成质量,同时对中等职业学校端正办学方向、提高师资水平、确保教学质量也显得尤为重要。

2015 年国务院颁布的《关于加快发展现代职业教育的决定》提出:"建立专业教学标准和职业标准联动开发机制,推进专业设置、专业课程内容与职业标准相衔接,形成对接紧密、特色鲜明、动态调整的职业教育课程体系"等要求。这对于探索职业教育的规律和特点,推进课程改革和教材建设以及提高教育教学质量,具有重要的指导作用和深远的历史意义。

目前,职业教育课程改革和教材建设从整体上看进展缓慢,特别是在"以促进就业为导向"的办学思想指导下,开发、编写符合学生认知和技能形成规律,体现以应用为主线,符合工作过程系统化逻辑,具有鲜明职教特色的教材等方面还有很大差距。主要是中等职业学校现有部分课程及教材不适应社会对专业技能的需要和学校发展的需求,迫切需要学校自主开发适合学校特点的校本课程,编写具有实用价值的校本教材。

校本教材是学校实施教学改革对教学内容进行研究后开发的教与学的素材,是为了弥补国家规划教材满足不了教学的实际需要而补充的教材。抚顺市农业特产学校经过十多年的改革探索和两年的示范校建设,在课程改革和教材建设上取得了一些成就,特别是示范校建设中的 18 本校本教材现均已结稿付梓,即将与同行和同学们见面。

本系列教材力求以职业能力培养为主线,以工作过程为导向,以典型工作任务和生产项目为载体,对接行业企业一线的岗位要求与职业标准,用新知识、新技术、新工艺、新方法,来增强教材的实效性。同时还考虑到学生的起点水平,从学生就业够用、创业适用的角度,使知识点及其难度既与学生当前的文化基础相适应,也更利于学生的能力培养、职业素养形成和职业生涯发展。

本套校本教材的正式出版,是学校不断深化人才培养模式和课程体系改革的结果,更是国家示范校建设的一项重要成果。本套校本教材是我们多年来按农时季节、工作程流、工作程序开展教学活动的一次理性升华,也是借鉴国内外职教经验的一次探索,这里面凝聚了各位编审人员的大量心血与智慧。希望该系列校本教材的出版能够补充国家规划教材,有利于学校课程体系建设和提高教学质量,能为全国农业中职学校的教材建设起到积极的引领和示范作用。当然,本系列校本教材涉及的专业较多,编者对现代职教理念的理解不一,难免存在各种各样的问题,希望得到专家的斧正和同行的指点,以便我们改进。

该系列校本教材的正式出版得到了蒋锦标、刘瑞军、苏允平等职教专家的悉心指导,同时,也得到了中国农业大学出版社以及相关行业企业专家和有关兄弟院校的大力支持,在此一并表示感谢!

教材编写委员会

2015 年 8 月

随着我国中等职业教育改革的深入,2013年我校被批准为国家改革发展示范校建设学校。在示范校建设过程中,我们本着中等职业学校学生发展的基本规律,改革原有的教学方式、方法。将原来以教师为主导的教学模式改为以学生为主导的教学模式;将原来以理论为主的课堂教学模式改为以学生动手为主的实践教学模式;将原来分散的知识点改成为一个生产流程式的完整的知识点。并将每一个流程分成若干个任务点,按生产流程、任务要求逐个进行技能训练。学生既能系统、连续地掌握知识,又能准确掌握操作技能。这样,原来的教材就不能完全符合现有的教学要求,特编写此书。

畜禽繁殖生产操作流程是一门专业基础课,畜禽繁殖技术的主要任务。首先,阐述动物生殖生理的普遍规律及其种属特征,使学生能够掌握和运用这些规律去指导动物的繁殖实践;其次,阐述现代繁殖技术的理论基础,传授操作技术,组织学生的技能训练;第三,阐述动物繁殖力的概念和提高繁殖力的基本途径;第四,阐述畜禽的繁殖疾病及治疗。

知识无止境,阅历和实践难免有局限性,本书难免有不妥之处,敬请广大读者提出意见。

编　者

2015 年 10 月

目录

项目一　牛的繁殖技术

【项目目标】

1. 清楚母牛的初情期、性成熟、初配适龄及发情周期。
2. 掌握母牛的发情特点，并能进行发情鉴定、确定最佳配种时机。
3. 熟练运用假阴道法对公牛进行采精。
4. 能判断精液的品质等级，正确进行精液稀释。
5. 会采用冷冻精液法保存精液。
6. 能熟练应用直肠把握子宫颈法进行输精。
7. 能通过外部观察法、直肠检查法、B超诊断法对母牛进行妊娠诊断。
8. 能对正常分娩的母牛接产，能对难产母牛进行人工助产。
9. 了解胚胎移植的过程，能对牛场正常繁殖力指标进行统计。
10. 能治疗母牛常见的繁殖疾病。

任务一　牛发情鉴定与控制

【知识目标】

1. 熟悉母牛的初情期、性成熟、初配年龄。
2. 掌握母牛的发情表现、发情周期、发情持续期及排卵时间。
3. 掌握母牛的发情鉴定技术。

【能力目标】

会鉴定母牛发情，准确判断输精时间。

【基础知识】

一、母牛的性发育阶段

（一）初情期

1. 概念

初情期指母牛第一次出现发情和排卵的时期。此时母畜虽有发情表现，配种也可能怀孕，但由于生殖器官尚处于继续生长发育阶段，其发情表现、发情周期和妊娠过程一般不完全。仔畜体重达到成年体重的 1/3 时，即可达到初情期。

2. 母牛初情期的年龄

正常情况下，母牛初情期的年龄为 6～12 月龄。

（二）性成熟

1. 概念

性成熟指母牛生殖器官发育基本完善，发情与排卵正常，具备繁殖能力的年龄。但此时，母牛全身各组织器官的发育还未成熟，不宜配种。此期，仔畜体重约达成年体重的 50%。

2. 母牛性成熟的年龄

正常情况下母牛性成熟的年龄是 8～14 月龄。

（三）初配年龄

1. 概念

初配年龄指母牛第一次适于配种的年龄。适宜的初配年龄应根据身体的发育状况而定，过早配种不但影响母牛自身发育，而且会造成后代发育不良或难产；过迟配种则不能充分发挥母牛的作用，减少经济收益，而且母牛易于肥胖，降低生殖功能。通常仔畜体重达到成年体重的 70% 时，即可用于初配。

2. 母牛初配的年龄

奶牛 14～16 月龄，体重 350 kg 即可进行配种；黄牛 24 月龄初配为宜。

（四）繁殖年限

繁殖年限指母牛终止繁殖的年限，母牛一般为 15～22 岁。

二、母牛的发情

（一）发情

发情指母牛达到性成熟后，在繁殖季节所发生的周期性性活动和性行为现象。

主要表现为：生殖管道组织增生、充血肿胀，子宫颈开张并有黏液流出，精神亢奋，有强烈的交配欲。

（1）卵巢 卵泡发育并有成熟卵子排出。

（2）生殖道 黏膜充血，子宫颈和阴唇肿胀并排出黏液。

（3）行为 精神不安、食欲减退、鸣叫跑栏、频频排尿、相互爬跨、寻求交配等。

（二）发情周期及发情表现

发情周期指母畜发情表现出的周期性变化。通常把两次发情间隔的时间叫作一个发情周期。根据母畜生殖器官和精神状态的变化特点，发情周期可分为发情持续期和休情期两个阶段。

1. 发情持续期

即发情开始至发情结束所持续的时间，是集中表现发情症状的阶段。一般发情持续期为 1～2 d，膘情好的持续期短；青年牛（处女牛）持续时间长，经产牛持续时间短。

2. 间情期

即母畜两次发情间的间隔时期。通常时间为 19～20 d。

3. 母牛发情周期和发情持续期时间

母牛发情周期一般为 18～24 d，平均 21 d 发情一次。

4. 排卵时间与排卵数

母牛排卵均发生在发情结束后，母牛每次发情排卵数为 1 个，个别排 2 个卵子。

（1）排卵时间 一般黄牛发生在发情结束后 5～15 h，奶牛在发情结束后 18 h 左右，大多数母牛排卵发生在夜间。

（2）排卵数 母牛每次发情排卵数为 1 个，个别排 2 个卵子。

三、牛的发情鉴定

母牛的发情鉴定常用外部观察法和试情法，结合阴道检查法，必要时进行直肠检查。

（一）外部观察法

母牛发情时，表现为精神兴奋不安、哞叫、食欲减退、互相追逐，爬跨、泌乳量下降，有时弯腰弓背举尾、尿频、外阴部充血肿胀并流出黏液，初期黏液量少而稀薄；盛期量大而浓稠，呈纤缕状或玻璃棒状；末期黏液量减少、混浊而浓稠，最后变为乳白色，常粘于阴唇、尾根和臀部，形成结痂（图 1-1 至图 1-4）。

图 1-1　发情母牛外部表现（一）

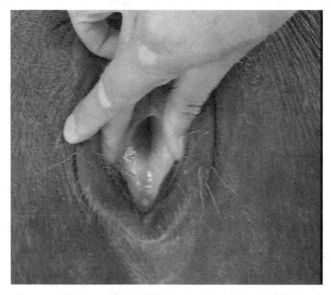

图 1-2　发情母牛外部表现（二）

图 1-3　发情母牛外部表现（三）

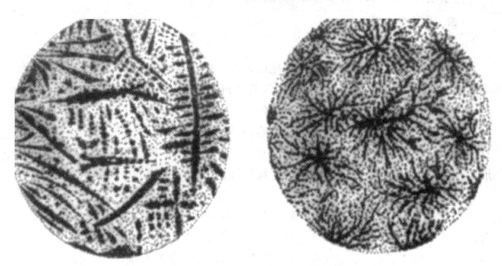

图 1-4　发情时阴道黏膜结晶图

（二）试情法

试情法有 3 种：

一是白天将结扎输精管的公牛放入母牛群中，夜间公、母分开，由牧工根据公牛追逐爬跨情况，以及母牛接受爬跨的程度来判断母牛的发情情况。

二是将试情公牛接近母牛，如母牛喜靠公牛，并作弯腰弓背姿势，表示可能发情。

三是下颚标记笔法，用容量 0.54 kg 左右的壶状物固定牛笼头上，壶中装满液体油剂染料，壶的中部有一滚动的圆珠装置（与圆珠笔原理相似）。试情公牛戴上笼头，圆珠正好位于下颚的下面，当公牛爬跨从母牛腰部滑下时，其下颚便拖下一条色线。壶中的染料 1 周加一次即可,比较方便。

母牛和试情公牛比例为 30:1 时,发情鉴定率最高,达 95%。

(三)阴道检查法

用左手拇指和食指(或中指)将阴唇分开,以右手持开腔器把柄,斜向前上方插入阴门。当开腔器的前 1/3 进入阴门后,改成水平方向插入阴道,打开开腔器,使其把柄向下,借助反光镜或手电筒光线检查阴道黏膜的色泽及湿润程度、子宫颈部的颜色及形状、黏液的量、黏度和气味,以及子宫颈管是否开张和开张程度。检查完后稍微合拢开腔器抽出。

注意消毒要严密,操作要仔细,防止粗暴。

(四)直肠检查法

1. 方法

将母牛牵入保定栏内保定后,将尾巴拉向一侧。检查人员将指甲剪短磨光,挽起衣袖,用温水清洗手臂并涂抹润滑剂,站在母牛正后方。五指并拢呈锥形,缓慢旋转伸入母牛肛门内,进入直肠,排出宿粪。手掌展平,掌心向下,在骨盆腔中部慢慢下压并左右抚摸,找到软骨棒状的子宫颈,沿着子宫颈前移,可摸到角间沟和子宫角,顺着子宫角大弯向外侧可找到卵巢,把卵巢握到手中,用手指肚感觉卵巢的形状、大小及卵巢上卵泡的发育阶段。按同样的方法可触摸另一侧卵巢。

2. 注意事项

直肠检查时,应该小心谨慎,避免粗暴。如遇到母牛努责时,应暂时停止检查,等待直肠收缩缓解时再行操作。直肠中的宿粪较多时可一次排出,其方法为:手臂伸入直肠后向上抬起,使空气进入,然后手掌稍侧立向前慢慢推动,使粪便蓄积,刺激直肠收缩。当母牛出现排便反射时,应尽力阻止,当排便反射强烈时,慢慢将手臂退出。如粪便较稀时,也可将直肠内的手臂向身体侧靠拢,使粪便从直肠与手臂的缝隙排出。

3. 卵泡发育判断

牛的卵泡发育可分为 4 个时期,即卵泡出现期、卵泡发育期、卵泡成熟期和排卵期(图 1-5 和图 1-6)。

第一期(卵泡出现期):卵巢体积比静止期稍增大,触摸时卵泡发育处为一个软化点,直径可达 0.5~0.7 cm。此期母牛已开始出现发情,约持续 10 h。

第二期(卵泡发育期):卵泡直径增加至 1~1.5 cm,并突出于卵巢表面,触摸时感觉卵泡光滑有弹性,内部略有波动。此期是母牛发情外部表现的盛期,持续 10~12 h。

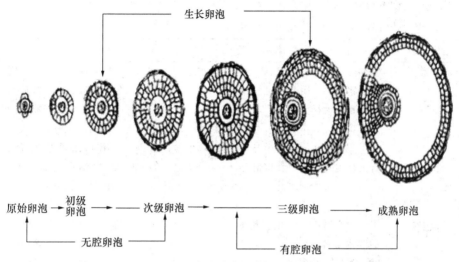

图 1-5　卵泡的发育过程及分级

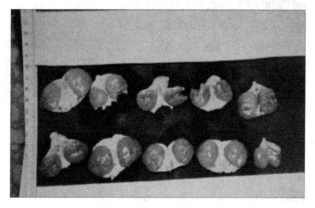

图 1-6　卵泡的发育过程

第三期(卵泡成熟期):卵泡不再增大,卵泡液增多,泡壁变薄,紧张性增强,有一触即破之感。此期可持续 6～8 h,母牛外观发情症状趋于结束。

第四期(排卵期):卵泡成熟后破裂,卵泡液流出,卵子也随之排出,卵巢上的排卵部位形成凹陷,卵泡壁变得松软,捏之有两层皮的感觉。排卵约在母牛发情表现结束后 10 h。排卵后 6～8 h 形成黄体。初生黄体直径 0.6～0.8 cm,触之有肉样感觉。

技能训练

奶牛的发情鉴定

(1)训练准备　母畜(发情和不发情的各若干)、试情公牛、保定架、(绳)、开膣器、内窥镜、液体石蜡、长臂手套、脸盆、毛巾等。

　　(2)操作规程

工作环节	操作规程	操作要求
外部观察法	①询问母牛采食情况、产奶情况 ②观察母牛外阴部情况 ③观察母牛行为情况	准确判断母牛发情情况、发情阶段、输精时间。一般上午发情下午输精,下午发情次日上午输精
试情法	将1头性欲旺盛的公牛与母牛接触,根据母牛的行为表现判断母牛发情情况	准确判断母牛发情情况、发情阶段、输精时间。母牛接受爬跨时是输精适期
阴道检查法	①将内窥镜用70%的酒精擦拭消毒,并涂上消毒的液体石蜡润滑 ②再将母畜牵到保定架内保定用0.1%的高锰酸钾溶液消毒外阴部,将开腟器插入阴道,检查阴道黏膜颜色,子宫颈开张程度	准确判断母牛发情情况、发情阶段、输精时间。阴道黏液呈玻璃棒状时是输精适期
直肠检查法	①将母牛牵入保定栏内保定后,将尾巴拉向一侧 ②检查人员将指甲剪短磨光,挽起衣袖,用温水清洗手臂并涂抹润滑剂,站在母牛正后方 ③五指并拢呈锥形,缓慢旋转伸入母牛肛门内,进入直肠,排出宿粪。手掌展平,掌心向下,在骨盆腔中部慢慢下压并左右抚摸,找到软骨棒状的子宫颈,沿着子宫颈前移,可摸到角间沟和子宫角,顺着子宫角大弯向外侧可找到卵巢,把卵巢握到手中,用手指肚感觉卵巢的形状、大小及卵巢上卵泡的发育阶段 ④按同样的方法可触摸另一侧卵巢	初步判断母牛卵泡发育的阶段判断输精时间,一般在卵泡成熟期输精,在排卵期可以补配

　　(3)作业　记录你所观察到的母牛发情表现。

任务二　人工授精

【知识目标】

　　1.熟悉精液的基本特性及精液的外观性状检查方法。

2. 熟悉精子活力的概念以及检查方法。

3. 掌握用血细胞计数法检查精子的密度。

4. 明确出精子形态检查的项目及意义。

5. 了解精液稀释的目的。

6. 熟悉稀释液的成分及其作用。

7. 掌握稀释液的配制方法及注意事项。

8. 能准确地确定精液稀释倍数。

9. 能正确、规范地进行精液稀释。

10. 明确精液低温保存的原理,掌握精液低温保存的方法。

11. 明确精液常温保存的原理,掌握常温保存的处理手段。

12. 明确精液冷冻保存的原理,掌握冷冻精液的制作方法。

13. 熟悉输精前的准备。

14. 准确判定输精时间。

15. 掌握输精方法。

【能力目标】

1. 掌握牛的采精技术。

2. 掌握精液品质检查技术。

3. 熟练掌握牛的输精技术。

【基础知识】

一、公畜的性发育

(一)性成熟

1. 概念

公牛的性成熟是指幼龄公畜发育到一定时期,生殖器官发育完善,开始表现性行为、能产生成熟的生殖细胞、具备第二性征和正常繁殖能力的时期。此时,一旦与母牛交配可使母牛怀孕。

2. 公牛的性成熟年龄

一般为 10~18 个月。

(二)体成熟与初配年龄

公牛性成熟后,虽然已具备了繁殖能力,而且具有性行为,但还未达到体成熟,尚处于生长发育阶段,因此一般还不适宜于配种。

1. 体成熟

体成熟是指公牛基本上达到生长发育完成的时期。在正常情况下,公牛的正常体成熟年龄为 2~3 年。

2. 初配年龄

初配年龄指第一次适宜于配种的年龄。公牛的初配年龄一般大于母牛，通常在体成熟或接近体成熟时期；一般在体重达到成年体重的 70% 以上时，即可用于初配。公牛的初配年龄为 2.5 岁。

二、采精

（一）采精前的准备

1. 场地准备

采精应有专门的场地，要求宽敞明亮、平坦、清洁、安静，靠近精液处理室，并设有采精架等设施。

2. 台畜准备

台畜是供公牛爬跨的台架，一般为体格健壮、健康无病、性情温顺的发情母牛。实际生产中也可应用采精的公牛相互作为台牛，以节省资源。

3. 假阴道准备

假阴道是模仿母牛阴道的生理条件设计的一种采精工具（图 1-7）。

外壳　　　　气阀

内胎　　　　胶圈

集精管　　　胶漏斗

图 1-7　假阴道组成示意图

（1）检查　先检查外壳和内胎是否有裂口、破损、沙眼等。出现问题应及时更换。

（2）清洗　用洗洁精等/或去污剂清洗内胎等，然后再用清水清洗。

（3）安装　将内胎的粗糙面朝外，光滑面朝里放入外壳内，用内卷法和外翻法将内胎套在外壳上，用胶圈固定，要求松紧适度，不扭曲。

（4）消毒　使用前半小时，用 70% 的酒精棉球由内向外，对内胎进行涂抹消毒；待酒精气味挥发后，用生理盐水冲洗一遍即可使用。

（5）灌水　由注水孔注入 45～55℃ 的温水，水量为内外壳容量的 2/3（为 500～1 000 mL），盖好胶塞。

（6）涂油　用玻璃棒蘸取少量液体石蜡或凡士林，由里向外在内胎上均匀涂抹，深度为外壳长度的 1/2 左右。

（7）吹气　由气孔吹入气体，并用调节阀调节假阴道内的压力，使假阴道入口处呈"糖三角"状（图 1-8 和图 1-9）。

（8）测温　用水温计测定假阴道中间部位的温度，采精温度为 38～40℃。

图 1-8　假阴道调压的理想状态

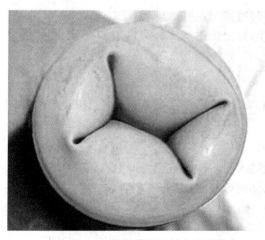

图 1-9　假阴道调压的非理想状态

4. 公牛准备

公牛必须有良好的体况，充分的性兴奋和性欲，无疾病和恶癖。在每次采精前,需彻底清洗公牛的阴茎和包皮。

5.术者准备

采精员应技术熟练,动作敏捷。操作前要求脚穿长筒胶靴,着紧身工作服,指甲剪短磨光,清洗消毒手臂。

(二)假阴道采精法操作步骤

(1)采精员站于台牛的右侧靠近牛后腿的地方,手持假阴道(图1-10)。

(2)另一人牵公牛至台牛,先使其空爬几次,待公牛性欲至高潮使其爬跨。

(3)当公牛爬上台牛背时,采精员右手持假阴道,将其靠在台牛臀部,并与公牛阴茎方向一致;然后左手轻轻握住公牛阴茎包皮,引导阴茎插入假阴道(图1-11)。

 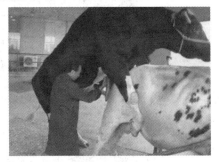

图1-10　牛的保定架　　　　　　　　图1-11　牛的采精

(4)当公牛出现耸身向前动作时,说明公牛已经射精,采精人员应迅速拔掉气阀排出假阴道中的气体,待公牛阴茎从假阴道中抽出后,将集精管端向下,以便精液流入集精管。

(三)采精注意事项

(1)采精时,要注意安全,特别注意防止公牛上下爬跨时蹄部损伤及防止公牛蹄部对采精员的踩踏。

(2)善待公畜,不可施暴。

(3)公牛对假阴道的温度较敏感,应特别注意调温;将阴茎导入假阴道时,且勿用手抓握阴茎;公牛射精时间极短,只有几秒钟,当公牛用力向前一冲时即表示射精,因此,要求采精者动作迅速。

(四)采精频率

适宜的采精频率是保障公牛生殖功能和身体健康的基本要求,也是获得优良精液的基础。采精频率应根据公牛产生精子的数量来决定,牛每次射精量6~10 mL,每次射出精子总数50亿~150亿个,良好的饲养条件下,可以每日采精一次。饲养条件差的可以采用隔日采精法。对于青年公牛(1.5～2.0岁)每周采精一次。

三、精液品质的检查

精液品质的高低是影响受胎率的关键因素。因而,采精后应立即进行检查,评定品质。检查方法有直观检查和显微镜检查。

(一)精液的外观性状检查

1. 采精量

采精量是公牛一次采精时所射出精液的容积。公牛一般射精量为5～10 mL,变化范围是0.5～14 mL。

2. 颜色

牛的精液呈乳白或厚乳白色,有时呈淡黄色,精子密度越大,精液的颜色越深。

3. 气味

牛精新鲜液除具有腥味外,还有微汗脂味。气味异常往往伴有颜色的变化。

4. 云雾状

牛的精液精子密度大,放在玻璃容器中观察,精液呈上下翻滚状态,像云雾一样,称为云雾状。这是精子运动活跃的表现。云雾状明显可用"＋＋＋"表示;较明显用"＋＋"表示;不明显用"＋"表示。

(二)显微镜检查

1. 精子活力检查

精子活力又称活率,是指精液中作直线运动的精子占整个精子数的百分比。活力是精液检查最重要指标之一,在采精后、稀释前后、保存和运输前后、输精前都要进行检查。

(1)检查方法 检查精子活力需借助显微镜,放大200～400倍,把精液样品放在镜下观察。温度对精子活力影响较大,为使评定结果准确,要求检查温度在37℃左右,显微镜需有恒温装置。

①平板压片。取载玻片一片,用自来水冲洗干净,再用蒸馏水冲洗,晾干。用干净滴管吸取1滴精液于载玻片上,然后再加一滴生理盐水于精液中,盖上盖玻片(防止出现气泡),放在镜下观察。

②悬滴法。取1滴精液于盖玻片上,迅速翻转使精液形成悬滴,置于凹玻片的凹窝内,即制成悬滴玻片。再把凹玻片放于400～600倍显微镜下观察。此法精液较厚,检查结果可能偏高。

(2)评定　评定精子活力多采用"十级一分制"，如果精液中有80％的精子作直线运动，精子活力计为0.8；如有50％的精子作直线运动，活力计为0.5，依此类推。评定精子活力的准确度与经验有关，具有主观性，检查时要多看几个视野，取平均值。

牛鲜精要求精子活力在0.65以上，冷冻精液要求精子活力在0.35以上。

2. 精子密度检查

精子密度是指单位体积(1 mL)精液内所含有精子的数目，是评定精液品质的重要指标之一。

(1)估测法　估测法通常结合精子活力检查来进行。精子间的间隙小于一个精子长度为密；间隙相当于一个精子长度为中等；间隙大于一个精子长度为稀。这种方法能大致估计精子密度，主观性强，误差较大(图1-12)。

A.稠密　　　　　　　　　B.中等　　　　　　　　　C.稀疏

图1-12　牛精子密度示意图

(2)血细胞计数法　用血细胞计数法定期对公畜的精液进行检查，可较准确地测定精子密度。血细胞计数器中有一计算室和两个稀释用的吸管，红细胞吸管能对精液进行100或200倍稀释，适合于牛精液检查。红细胞计算板上的计算室的高度为0.1 mm，边长1 mm，为一正方形，由25个中方格组成，每一中方格分为16个小方格(图1-13和图1-14)。

检查时，用3％的NaCl对精液进行稀释并杀死精子。于显微镜下，从25个中方格中选取四角和中央5个计数，对于压线的精子，以精子头部为准，采用"上计下不计，左计右不计"的方法计数，最后按公式进行计算，公式是：1 mL原精液中的精子总数＝5个中方格内精子数×5(25个中方格)×10(1 mm³内精子数)×1 000(1 mL＝1 000 mm³)×稀释倍数。

(3)光电比色法　现世界各国普遍应用于牛精液的密度测定。此法快速、准确、操作简便。其原理是根据精液的透光性，精子密度越大，透光性就越差。

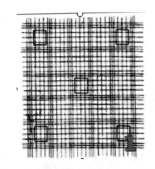

图 1-13　血细胞计数板的计算方格
（粗线格为应计数的方格）

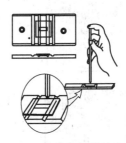

图 1-14　将稀释后的精液从
吸管滴入计数室

事先将原精液稀释成不同倍数，用血细胞计数法计算精子密度，从而制成精液密度标准管，然后用光电比色计测定其透光度，根据透光度求每相差 1％透光度的级差精子数，编制成精子密度对照表备用。测定精液样品时，将精液稀释 80～100倍，用光电比色计测定其透光值，查表即可得知精子密度。

3. 精子的其他检查

(1)精子的畸形率检查　凡形态和结构不正常的精子都属畸形精子（图 1-15和图 1-16）。通常精子畸形率，牛、猪不超过 18％。如果畸形精子超过 20％则视为精液品质不良，不能用做输精。

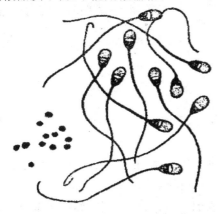

图 1-15　正常精子

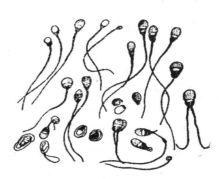

图 1-16　各种畸形精子

(2)精子顶体异常率检查　精子顶体异常会导致受精障碍。顶体异常有膨胀、缺损、脱落等。当精子顶体异常率超过 14％，受精能力就会明显下降（图 1-17）。

检查精子顶体异常率的方法是：先把精液制成抹片，干燥后用 95％的酒精固定，水洗后用姬姆萨液染色 1.5～2 h，再水洗干燥，用树脂封装放在镜下 1 000 倍

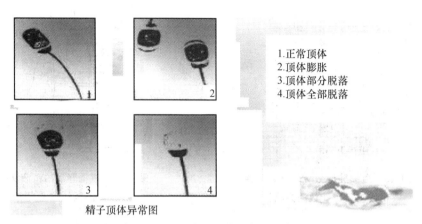

1.正常顶体
2.顶体膨胀
3.顶体部分脱落
4.顶体全部脱落

精子顶体异常图

图 1-17　精子顶体异常图

观察,随机观察 500 个精子,计算顶体异常率。

(3)精子生存时间和生存指数检查　精子的生存时间和生存指数与受精能力有关,也是鉴定精液处理效果的一种方法。

精子生存时间是指精子总的存活时间,检查时将精液置于一定的温度下,每隔 8~12 h 检查精子活力,直至无活动精子为止。所有间隔时间累加后减去最后两次间隔时间的一半即为精子的生存时间。生存指数是指相邻两次检查的间隔时间与平均活力的乘积之和。精子生存时间越长,生存指数越大,说明精子活力就强,精液品质就好。

四、精液的稀释

(一)稀释液的配制

(1)稀释液应现用现配,如配制后确需保存,经消毒、密封后放入冰箱中最多能保存 2~3 d。

(2)配制稀释液的器具,用前必须洗净并严格消毒,用稀释液冲洗后才能使用。

(3)配制稀释液的蒸馏水要新鲜,最好现用现制。

(4)所用药品要纯净,一般使用分析纯制剂。药品称量要准确,经溶解、过滤、消毒后方能使用。

(5)卵黄要取自新鲜鸡蛋,待稀释液消毒冷却后加入。

(6)奶粉的颗粒比较大,溶解时先用等量蒸馏水调成浆糊状,然后加蒸馏水至需要量,用脱脂棉过滤后放入 90~95℃的水浴中消毒 10 min。

（二）精液稀释方法

精液稀释应在采精后立即进行。采精后把精液迅速置于30℃的保温瓶中，以防温度的变化。稀释时把精液和稀释液同时放在30℃的环境中，将稀释液和精液的温度调整一致，并在30℃的水浴中进行稀释。稀释时把稀释液沿着精液容器的壁慢慢加入精液中，边加入边搅拌。如需高倍稀释，应先做3~5倍的低倍稀释，然后再高倍，以防稀释打击。

（三）精液的稀释倍数

精液稀释倍数的确定应依据母畜每次受精所需的有效精子数、稀释液的种类等。公牛的精液一般进行10~40倍稀释，公猪的精液一般进行2~4倍稀释。

现以公牛精液稀释倍数的计算方法举例如下：

有一头黑白花种公牛一次采得鲜精10 mL，经检查，精子活力为0.8，密度是12亿/mL。如为母牛输精时要求有效精子数不少于3 000万，输精量为0.25 mL，本次采得的精液处理后，能为多少头母牛输精？

解：1 mL原精液中的有效精子数＝12亿/mL×0.8＝9.6亿/mL。

1 mL稀释后的精液中的有效精子数＝0.3亿÷0.25 mL＝1.2亿/mL。

输精母牛头数＝10 mL×9.6亿/ mL÷1.2亿/mL÷0.25 mL＝320头。

答：本次采得的精液能为320头母牛输精。

五、精液保存

目前，冻精保存普遍采用液氮做冷源，以液氮罐为容器贮存和制作冻精。

1. 液氮及其特性

液氮是空气中的氮气经分离、压缩形成的一种无色、无味、无毒的液体，沸点温度为－195.8℃。在常温下，液氮沸腾，吸收空气中的水气形成白色烟雾。液氮具有很强的挥发性，当温度升至18℃时，其体积可膨胀680倍。此外，液氮又是不活泼的液体，渗透性差，无杀菌能力。

基于液氮的上述特性，使用时要注意防止冻伤、喷溅、窒息等，用氮量大时要保持空气通畅，注意保护。

2. 液氮容器

包括液氮贮运容器和冻精贮存容器，前者为贮藏和运输液氮用，后者为专门保存冻精用。当前冷冻精液专门使用的液氮罐型号较多，但其结构基本相同。

（1）罐壁　由内外两层构成，一般由坚硬的合金制成。

（2）夹层　指内外壳之间的空隙。为增加罐的保温性，抽成真空。真空度为

$1.33×10^{-4}$ Pa,在夹层中装有活性炭、硅胶及镀铝涤纶薄膜等,以吸收漏入夹层的空气,也增加了罐的绝热性。

（3）罐颈　由高热阻材料制成,是连接罐体和罐壁的部分,较为坚固。

（4）罐塞　由绝热性好的塑料制成,具有固定提筒手柄和防止液氮过度挥发的功能。

（5）提筒　存放冻精的装置。提筒的手柄由绝热性良好的塑料制成,既能防止温度向液氮传导,又能避免取冻精时冻伤。提筒的底部有多个小孔,以便液氮渗入其中。

3. 使用液氮容器应注意的问题

液氮容器主要是靠真空和减少导热来维持其冷藏性能(图1-18)。使用时应注意:

（1）用前仔细检查外观,看是否有碰伤;然后倒入液氮检查其损耗情况。

（2）存放于阴凉、干燥、通风良好的室内,严禁靠近热源和室外日晒雨淋。

（3）使用过程中尽量避免碰撞、振动,严禁横放、叠放或倒置。

（4）存放液氮的容器要用瓶塞盖好,但瓶口不能密闭,以防爆炸。

（5）存放精液等要定期补充液氮,确保冻精浸入液氮中。

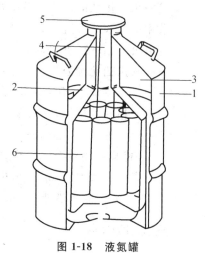

图1-18　液氮罐

1. 内外壳体　2. 内槽　3. 夹层
4. 颈管　5. 罐盖塞　6. 提筒

（6）取放冻精时,要尽量避免碰撞颈口。

（7）液氮罐要定期清洗,以免污染冻精。

六、输精技术

（一）输精的准备

输精是人工授精的最后一个环节,也是最重要的技术之一,能否及时、准确地把精液输送到母畜生殖道的适当部位,是保证受胎的关键。输精前应做好各方面的准备,确保输精的正常实施。

1. 母畜的准备

母畜经发情鉴定后,确定已到输精时间,将其牵入保定栏内保定,外阴清洗消毒,尾巴拉向一侧。

2. 器械的准备

输精所用的器械均应彻底洗净后严格消毒,再用稀释液冲洗才能使用。每头家畜备一支输精管,如用同一支给另一头母畜输精,需消毒处理后方能使用。

3. 精液的准备

冷冻精液解冻后活力不低于 0.3。解冻方法如下:

(1)细管冻精 在解冻时可直接投放在 38～40℃(最好 39.5℃)温水中,待冻精全部融化即可取出备用(图 1-19 和图 1-20)。

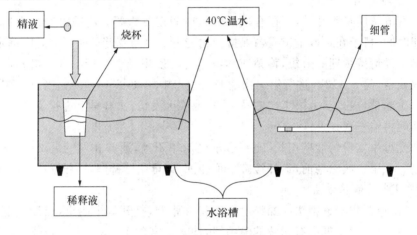

图 1-19 精液的解冻

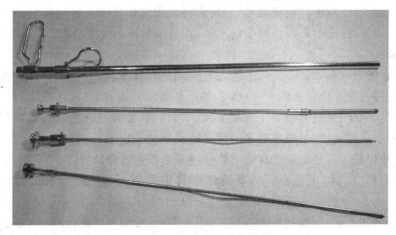

图 1-20 牛细管精液输精器

(2)颗粒冻精 解冻时需预先准备解冻液。牛的解冻液常用 2.9% 的柠檬酸钠溶液。解冻时取一小试管,加入 1 mL 解冻液,放在盛有温水的烧杯中,当与水温相同时,取一粒冻精于小试管内,轻轻摇晃使冻精融化。

4. 人员准备

输精人员应穿好工作服,指甲剪短磨光,手臂挽起,并用 75% 酒精消毒,伸入阴道的手要涂以稀释液等润滑。

(二)输精的基本要求

1. 输精时间

母畜输精后是否受胎,掌握合适的输精时间至关重要。输精时间是根据母畜的排卵时间、精子在母畜生殖道内保持受精能力的时间及精子获能等时间确定的。

母牛发情持续期一般短,输精应尽早进行。发现母牛发情后 8~10 h 可进行第一次输精,隔 8~12 h 进行第二次输精。生产中如果牛早上发情,当日下午或傍晚第一次输精,次日早上第二次输精;下午或晚上发情,次日早上进行输精;次日下午或傍晚再输一次。

初配母牛发情持续期稍长,输精过早受胎率不高,通常在发情后 20 h 左右开始输精。在第二次输精前,最好检查一下卵泡,如母牛已排卵,一般不必再输精。

2. 母牛的输精方法

(1)阴道开张器输精法 操作时一手持开张器,打开母牛阴道,借助光源找到子宫颈口,另一只手握吸有精液的输精器,伸入子宫颈 1~2 个皱褶处(2~3 cm),慢慢注入精液。此法能直接观察到输精管(输精枪)伸入子宫颈口的情况,比较好掌握。但操作时,母牛往往骚动不安,努责弓背加之输精部浅易引起精液倒流,受胎率低。另外,此法容易损伤母牛的阴道黏膜,输精不方便,故生产中很少采用(图 1-21 至图 1-23)。

(2)直肠把握输精法 一只手伸入直肠内把握住子宫颈,另一只手持输精器,先斜上方伸入阴道内进入 5~10 cm 后再水平插入到子宫颈口,两手协同配合,把输精器伸入到子宫颈的 3~5 个皱褶处或子宫体内,慢慢注入精液。输精过程中,输精器不要握得太紧,要随着母牛的摆动而灵活伸入。直肠内的手要把握子宫颈的后端,并保持子宫颈的水平状态。输精枪要稍用力前伸,每过一个子宫颈皱褶都有感觉,出现“咔咔”的响声。但要避免盲目用力插入,防止生殖道黏膜损伤或穿孔。

此法的优点是:①精液输入部位深,不易倒流,受胎率高;②母牛刺激无不良反应;③能防止给孕牛误配,造成人为流产;④用具简单,操作安全、方便。整个操作过程要求技术熟练,故此技术需经一定时间的训练才能掌握。

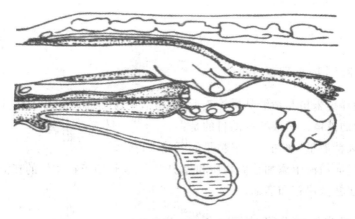

图 1-21　牛的输精示意图(直肠把握法)

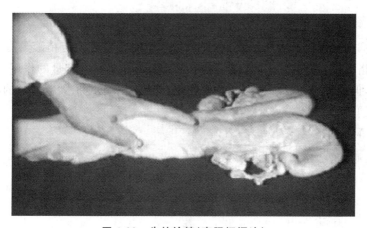

图 1-22　牛的输精(直肠把握法)

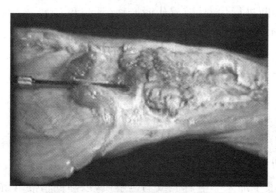

图 1-23　牛的直肠把握法(输精部位)

知识链接 1

精液稀释

一、精液稀释与目的

精液稀释是采精及精液品质检查后,向精液中添加的适合精子体外存活并保持受精能力的液体。精液稀释的目的是:

(1)扩大精液量,增加一次采精量的可配母畜数。

(2)通过向精液中添加营养物质和保护剂,可延长精子在体外的存活时间。

(3)便于精液保存和运输。

二、稀释液的成分及作用

(一)稀释剂

稀释剂主要用以扩大精液容量,要求所选用的药液必须与精液具有相同的渗透压。严格地讲,凡向精液中添加的稀释液都具有扩大精液容量的作用,均属稀释剂的范畴,但各种物质添加各有其主要作用,一般用来单纯扩大精液量的物质有等渗的氯化钠、葡萄糖、蔗糖溶液等。

(二)营养剂

营养剂主要为精子体外代谢提供养分,补充精子消耗的能量,如糖类、奶类、卵黄等。

(三)保护剂

1. 缓冲物质

精子在体外不断进行代谢,随着代谢产物(乳酸和 CO_2 等)的累积,精液的 pH 逐渐下降,甚至会发生酸中毒,使精子不可逆地失去活力。因此,有必要向精液中添加一定量的缓冲物质,以平衡酸碱度。常用的缓冲剂有柠檬酸钠、酒石酸钾钠、磷酸二氢钾等。近些年,生产单位采用三羟甲基氨基甲烷(Tris)作为缓冲剂,效果较理想。

2. 降低电解质浓度

副性腺中 Ca^{2+}、Mg^{2+} 等强电解质含量较高,刺激精子代谢和运动加快,在自然繁殖中无疑有助于受精,但这些强电解质又能促进精子早衰、精液保存时间缩短。为此,需向精液中加入非电解质或弱电解质,以降低精液电解质的浓度。常用的非电解质和弱电解质有各种糖类、氨基乙酸等。

3. 抗冷物质

在精液保存过程中,常进行降温处理,如温度发生急剧变化,会使精子遭受冷休克而失去活力。发生冷休克的原因使精子内部的缩醛磷脂在低温下冻结凝固,影响精子正常代谢,出现不可逆的变性死亡。因此,在保存的稀释液中加入抗冷物质,使精子免受伤害。常用的抗冷休克物质有卵黄、奶类等。

4. 抗冻物质

在精液冷冻保存过程中,精液由液态向固态转化,对精子的危害较大,不使用抗冻剂,冷冻精液就不能成功。一般常用甘油和二甲基亚砜(DMSO)作为抗冻剂。

5. 抗菌物质

在采精和精液处理过程中,虽严格遵守操作规程,也难免使精液受到细菌的污染,况且稀释液中含营养物质较丰富,给细菌繁殖提供了较好条件。细菌过度繁殖不但影响精液品质,输精后也会使母畜生殖道感染,造成不孕。常用的抗菌物质有青霉素、链霉素、氨基苯磺胺等。

(四)其他添加剂

除上述 3 种成分以外,另向精液中添加的、起某种特殊作用的微量成分都属其他添加剂的范畴。

1. 激素类

向精液中添加催产素、前列腺 E 型等,能促进母畜子宫和输卵管的蠕动,有利于精子运行,提高受胎率。

2. 维生素类

某些维生素如维生素 B_1、维生素 B_2、维生素 B_{12}、维生素 C、维生素 E 等具有改进精子活力,提高受胎率的作用。

3. 酶类

过氧化氢酶能分解精液中的过氧化氢,提高精子活力;β-淀粉酶能促进精子获能等。

另外,向精液中添加有机酸、无机酸类进行常温保存;加入抗氧化剂、提高精子活力的精氨酸、咖啡因;区分精液种类的染料等都属此类。

知识链接 2

精液保存

精液稀释后即可进行保存。通过保存,可延长精子在体外的存活时间,便于使用和运输。现行的精液保存方式有 3 种,即常温(15～25℃)、低温(0～5℃)和冷冻(－79～－196℃)保存。常温和低温保存是液态,故称液态保存。

一、精液的常温保存

常温保存的温度在 15～25℃ 之间,温度允许有一定变动,所以又称为变温保存或室温保存。常温保存所需设备简单,特别适合猪的精液。

(一)原理

常温保存是通过增加酸度、降低精液的 pH 来抑制精子的代谢活动,以减少其能量消耗。酸性在一定范围内是可逆抑制,通常把 pH 调整到 6.35 左右。

(二)方法

(1)向稀释液中充入二氧化碳,如伊利尼变温稀释液(IVT)。

(2)利用精子本身在代谢中产酸,自行调节 pH,如康奈尔大学稀释液(CUE)。

(3)向稀释液中加入有机酸,如己酸稀释液(CME)。

常温保存的稀释液除降低 pH 使精子代谢减慢外,还依靠给精子补充足够的养分,同时加入抗菌物质以抑制细菌的滋生。有的还在稀释液中加入缓冲物质;有的加入明胶以阻止精子运动。

二、精液低温保存

(一)原理

在体温状态下,精子的代谢正常,当温度降低时,精子的代谢活动减慢,当温度降至 0～5℃,精子的代谢较弱,几乎处于休眠状态。此时精子的物质代谢和能量代谢均降到较低水平,废物累积减少,且此温度下不利微生物的繁殖,故可达到保存目的。

(二)方法

精液进行低温保存时,应采取逐步降温的方法,并使用含卵黄的稀释液,以防冷休克。

首先把稀释后的精液按一个输精量(羊 10～20 个输精量)分装至一个容器中,封口,再包以数层棉花或纱布,最外层用塑料袋扎紧,防止水分渗入。把包装好的精液放到 0～5℃ 的低温环境中,经 1～2 h,精液即降至 0～5℃。在保存过程中,要维持温度的恒定,防止升温。如特殊情况或运输可用广口保温瓶进行,在保温瓶中加 7～8 成满的冰块,把包装好的精液放在冰块上盖好,注意定期添加冰块。如无冰源,可采用化学制冷法,在冷水中加入一定量的氯化铵或尿素,可使水温达 2～4℃。

三、精液冷冻保存

精液冷冻保存是利用液氮（－196℃）或干冰（－79℃）作冷源；将精液处理后冷冻起来，达到长期保存的目的。精液冷冻保存是人工授精工作的一大进步，由于保存时间的延长，精液的使用不受地区的限制，从而加快了家畜品种的育成和改良速度。

（一）精液冷冻保存的原理

精子在超低温下，其代谢几乎停止，以生命相对静止状态保存下来，当温度回升后，又能复苏且具有受精能力。其理论依据是玻璃化假说和甘油保护学说。

1. 玻璃化假说

物质的存在形式有气态、液态和固态，其中固态又分为结晶态和玻璃态。在不同的温度条件下，这两种形式可以相互转化。

（1）结晶态　当精液的温度由冰点（0℃）逐渐降到－60℃左右时，精液中的水分由液态变成固态，其结构按几何图式进行有序排列，冰晶颗粒大而均匀，叫作结晶态或冰晶化。精液在形成结晶态时，由于缓慢降温，精清中的水逐渐形成冰渣，精子被排斥到没有冻结的那部分精液中，形成高渗液，造成精子内外渗透压差距增大，使精子失水干涸而死亡；同时由于冰晶在扩展移动中，对精子长生机械压力，破坏精子原生质表层和内部结构，也可引起精子死亡。因此，缓慢降温形成冰晶化是造成精子死亡的主要原因。

（2）玻璃态　即当精液由低温骤然降到－60℃以下，精液变成固态时，其结构图式进行无序排列，冰晶颗粒细小而均匀，叫作玻璃态（化）。精液在形成玻璃化时，由于快速降温，精清中的水分，在精子周围迅速形成一层玻璃化膜，将精子保护起来，同时使精子迅速进入休眠状态；当解冻快速升温时，则玻璃态又可跨越结晶态直接变为液态，使精子复苏而恢复受精能力。

经试验证明，在 0～－60℃是冰晶形成的温度区域，而且在逐渐降温的条件下才能形成。降温越慢，冰晶形成越大，尤以－15～－25℃为甚。玻璃化必须在－25～－60℃的低温区域内，经快速降温，迅速越过冰晶化而形成。

2. 甘油保护学说

快速降温可使精液跨越结晶态进入玻璃态，但急剧降温会造成精子冷休克。研究表明，向稀释液中添加甘油，不但可增强精子的抗冻能力，而且又可防止冰晶化和精子冷休克。

甘油又名丙三醇，分子式 $CH_2(OH)—CH(OH)—CH_2(OH)$，为高热能脂肪家族，其 3 个羟基（OH）为亲水基团，可与精液中的水结合，限制和干扰水分子的晶格排列，而产生冰晶；其烃链为疏水基团，朝向精子，可阻止精子的内外水分相互渗透,从而使精子保护在玻璃化膜中。

但是,甘油浓度高时,对精子有危害作用,应掌握甘油的用量。一般牛冷冻精液中甘油通常加入5%～7%。

除甘油外,其他多羟化合物如二甲基亚砜(DMSO)、三羟甲基氨基甲烷(Tris)、糖类等都具有抗冻作用。

(二)精液冷冻技术

牛的精液冷冻已普及,现以牛精液冷冻为例,将精液冷冻制作技术叙述如下:

1. 采精及精液品质检查

精液冷冻效果与精液品质密切相关。做好采精的准备和操作,争取获得优质的精液。

2. 精液稀释

根据冻精的种类、分装剂型和稀释倍数的不同,精液的稀释方法也不尽一致,现生产中多采用一次或两次稀释法。

一次稀释法:将含有甘油、卵黄等的稀释液按一定比例加入精液中,适合于低倍稀释。

两次稀释法:为避免甘油与精子接触时间过长而造成的危害,采用两次稀释法较为合理。首先用不含甘油的稀释液(第一液)对精子进行最后稀释倍数的半倍稀释,然后把该精液连同第二液一起降温至0～5℃(全程1 h左右),并在此温下作第二次稀释。

3. 降温平衡

采用一次稀释法,由于稀释温度为30℃,需经1～2 h缓慢降温至0～5℃,以防冷休克的发生。平衡是降温后,把稀释后的精液放置在0～5℃的环境中停留2～4 h,使甘油充分渗入精子内部,起到膜内保护剂作用的过程。

4. 精液的分装

现行冻精常采用颗粒、细管和袋装等分装方法。

(1)颗粒冻精   将精液滴冻在经液氮制冷的金属网或塑料板上,冷冻后制成0.1 mL左右的颗粒。颗粒冻精曾在牛中广泛应用,现多用于马、绵羊及野生动物的冻精剂型,具有成本低、制作方便等优点,但不易标记、解冻麻烦、易受污染。

(2)细管冻精   把平衡后的精液分装到塑料细管中,细管的一端塞有细线或棉花,其间放置少量聚乙烯醇粉(吸水后形成活塞),另一端封口,冷冻后保存。细管的长度约13 cm,容量有0.25、0.5或1.0 mL。现生产中牛的冻精多用0.25 mL剂型。细管冻精具有不受污染、容易标记、易贮存、适于机械化生产等特点,是最理想的剂型。

(3)袋装冻精   马和猪输精量大,可用塑料袋分装,但目前冷冻效果不理想。

5. 冻结

(1)干冰埋植法　适合于小规模生产及液氮缺乏地区。

①颗粒冻精。把干冰置于木盒中,铺平压实,用预先做好的模板在干冰上压出直径 0.5 cm、深 2～3 cm 的小孔,用滴管将平衡后的精液 0.1 mL 左右滴入孔内,覆以干冰,2～4 min 后,收集冻精保存。

②细管冻精。将分装的冻精平铺于压实的干冰上,并迅速用于冰覆盖,2～4 min 取出贮存于干冰或液氮中。

(2)液氮法

①颗粒冻精。在广口液氮桶上安装铜纱网,调至距液氮面 1～3 cm,预冷几分钟后,使纱网附近温度达 −100～−80℃,将精液均匀地滴压在铜纱网上,2～4 min 后,待精液颗粒充分冻结、颜色变浅发亮时,用小铲轻轻铲下颗粒冻精,每 50～100 粒装入纱布袋中,沉入液氮保存。

②细管冻精。除按上述方法对细管进行熏蒸冷冻外,也可采用液氮浸泡法。把分装好的精液细管平铺于特制的细管架上,放入盛装液氮的液氮柜中浸泡,盖好,5 min 后取出保存。这种方法启动温度低,冷冻效果好。

技能训练

1. 采精训练

(1)训练准备　种公牛、假阴道、温度计、凡士林、玻璃棒等。

(2)操作规程

工作环节	操作规程	操作要求
假阴道的安装	①检查。先检查外壳和内胎是否有裂口、破损、沙眼等。出现问题应及时更换 ②清洗。用洗洁精等去污剂清洗内胎等,然后再用清水清洗 ③安装。将内胎的粗糙面朝外,光滑面朝里放入外壳内,用内卷法和外翻法将内胎套在外壳上,用胶圈固定,要求松紧适度,不扭曲 ④消毒。使用前半小时,用 70% 酒精棉球由内向外,对内胎进行涂抹消毒;待酒精气味挥发后,用生理盐水冲洗一遍即可使用 ⑤灌水。由注水孔注入 45～55℃ 的温水,水量为内外壳容量的 2/3 (500～1 000 mL),盖好胶塞 ⑥涂油。用玻璃棒蘸取少量液体石蜡或凡士林,由里向外在内胎上均匀涂抹,深度为外壳长度的 1/2 左右 ⑦调压。由气孔吹入气体,并用调节阀调节假阴道内的压力,使假阴道入口处呈"糖三角"状 ⑧测温。用水温计测定假阴道中间部位的温度,采精温度为 38～40℃	能熟练安装牛专用假阴道,并调好压力、温度和润滑度

续表

工作环节	操作规程	操作要求
采精操作	①采精员站于台牛的右侧靠近牛后腿的地方,手持假阴道 ②另一人牵公牛至台牛,先使其空爬几次,待公牛性欲至高潮使其爬跨 ③当公牛爬上台牛背时,采精员右手持假阴道,将其靠在台牛臀部,并与公牛阴茎方向一致;然后左手轻轻握住公牛阴茎包皮,引导阴茎插入假阴道 ④当公牛出现耸身向前动作时,说明公牛已经射精,采精人员应迅速拔掉气阀排出假阴道中的气体,待公牛阴茎从假阴道中抽出后,将集精管端向下,以便精液流入集精管	熟练掌握采精的各个步骤,准确获取精液

(3)作业　记录你所观察到的采精过程。

2. 精液品质检查

(1)训练准备　显微镜、载玻片、盖玻片、计数板、计数器、红细胞吸管、分光光度计等。

(2)操作过程

工作环节	操作规程	操作要求
精子活力检查	①平板压片。取载玻片一片,用自来水冲洗干净,再用蒸馏水冲洗,晾干。用干净滴管吸取一滴精液于载玻片上,然后再加一滴生理盐水于精液中,盖上盖玻片(防止出现气泡),放在镜下观察 ②悬滴法。取一滴精液于盖玻片上,迅速翻转使精液形成悬滴,置于凹玻片的凹窝内,即制成悬滴玻片。再把凹玻片放于400～600倍显微镜下观察。此法精液较厚,检查结果可能偏高	能准确检查出精子活力分数,判断精液的优劣
密度检查	①估测法。通常结合精子活力检查来进行 a. 精子间的间隙小于一个精子长度为密; b. 精子间的间隙相当于一个精子长度为中等; c. 精子间的间隙大于一个精子长度为稀 ②血细胞计数法 a. 用3%的NaCl对精液进行稀释并杀死精子 b. 于显微镜下,从25个中方格中选取四角和中央5个计数,对于压线的精子,以精子头部为准,采用"上计下不计,左计右不计"的方法计数	估测法初步判断精子密度 血细胞计数法准确计算出精子密度 编制出透光度与精子密度对照表,并且能测出精子密度

续表

工作环节	操作规程	操作要求
密度检查	c. 最后按公式进行计算,公式是:1 mL 原精液中的精子总数＝5 个中方格内精子数×5(25 个中方格)×10(1 mm³ 内精子数)×1 000(1 mL＝1 000 mm³)×稀释倍数 ③光电比色法 a. 事先将原精液稀释成不同倍数,用血细胞计数法计算精子密度,从而制成精液密度标准管,然后用光电比色计测定其透光度,根据透光度求每相差 1‰透光度的级差精子数,编制成精子密度对照表备用 b. 测定精液样品时,将精液稀释 80～100 倍,用光电比色计测定其透光值,查表即可得知精子密度	估测法初步判断精子密度 血细胞计数法准确计算出精子密度 编制出透光度与精子密度对照表,并且能测出精子密度

(3)作业 记录你的操作过程。

3. 输精技术

(1)训练准备 发情母牛、输精枪、细管精液、长臂手套、润滑剂。

(2)操作过程

工作环节	操作规程	操作要求
判断输精时间	①发现母牛发情后 8～10 h 可进行第一次输精,隔 8～12 h 进行第二次输精 ②生产中如果牛早上发情,当日下午或傍晚第一次输精,次日早上第二次输精;下午或晚上发情,次日早上进行输精,次日下午或傍晚再输一次	准确判断输精时间
精液解冻	直接投放在 38～40℃(最好 39.5℃)温水中,待冻精全部融化即可取出备用	快速准确地进行精液解冻
输精操作	一只手伸入直肠内把握住子宫颈,另一只手持输精器,先斜上方伸入阴道内进入 5～10 cm 后再水平插入到子宫颈口,两手协同配合,把输精器伸入子宫体内,慢慢注入精液 输精过程中,输精器不要握得太紧,要随着母牛的摆动而灵活伸入。直肠内的手要把握子宫颈的后端,并保持子宫颈的水平状态	能准确将精液输入子宫体以内,防止精液倒流

(3)作业 记录你的操作过程。

任务三　妊娠诊断技术

【知识目标】

1. 了解胚胎时期发育的过程及特点。

2. 了解胎盘胎膜的结构及分类特点。

3. 了解家畜妊娠期的变化。

4. 掌握家畜妊娠的几种诊断方法。

【能力目标】

应用各种方法诊断母牛妊娠。

【基础知识】

在家畜繁殖工作中,妊娠诊断就是借助母畜妊娠后所表现出的各种变化症状来判断是否妊娠以及妊娠的进展情况。在临床上进行早期妊娠诊断的意义非常重大,对于保胎、减少空怀及提高家畜繁殖率、有效实施家畜生产的经营管理相当重要。经过妊娠诊断,对确诊已妊娠的母畜,应加强饲养管理,合理使用,以保证胎儿发育,维持母体健康,避免流产,预测分娩日期和做好产仔准备;对未妊娠的母畜,及时检查,找出未孕原因,如配种时间和方法是否合适,精液品质是否合格,生殖器官是否患有疾病等,以便及时采取相应的治疗或管理措施,使其尽早恢复繁殖能力。

母牛妊娠诊断的方法很多,目前常采用的方法有以下几种。

一、临床诊断

临床诊断方法包括外部检查和内部检查两大内容,这一妊娠诊断方法至今仍在家畜临床妊娠诊断中占着主导地位。

（一）外部检查

1. 问诊

问诊在医学临床和妊娠诊断上有重要意义,忽视问诊会大大限制我们的思考或分析空间。在缺乏特异性诊断方法时,综合诊断就显得十分重要,通过问诊可以最大限度地帮助我们了解动物目前的生理状况,也可以帮助我们确定相应的诊断方法。在妊娠诊断时,问诊主要应注意询问如下内容:

（1）最后一次配种日期　在不同的妊娠阶段,动物生殖器官及体态的变化各有区别,通过询问最后一次配种时间,我们就可以确定相应的检查项目和检查方法。例如,对牛通过直肠检查进行妊娠诊断时,在妊娠 21 d 以内,主要靠检查卵巢上的黄体状态来进行妊娠诊断;21 d 以后,可通过检查子宫角形态来确诊妊娠;5 个月以后,我们就可以通过直肠触摸子叶、胎儿及子宫中动脉等内容进行妊娠诊断。

(2)最后一次配种后是否再发情　如果最后一次配种后再未发情,则说明该动物可能怀孕;如果曾多次发情,则为没有怀孕。

(3)过去配种、受胎及产后情况　通过询问了解过去配种、受胎及产后情况,可以对母畜的繁殖器官及性能做出评估,为妊娠诊断提供既往的参考资料。

(4)食欲、膘情及行为方面的变化情况　母畜怀孕后一般会性情变温顺,喜静恶动;食欲显著增加;在怀孕前半期膘情明显好转、被毛变得光亮。这些都是怀孕的一种表现,相反则可能没有怀孕。

(5)乳房及腹围变化情况　动物怀孕后,随着妊娠时间的延长,其乳房和腹围会逐渐变大。

2. 视诊

视诊内容也是妊娠诊断的一个重要参考资料,在妊娠诊断时,视诊主要包括的内容如下,这些内容在妊娠后期表现较为明显。

(1)是否有胎动。

(2)腹围是否变大,下腹壁是否有水肿。

(3)乳房是否胀大、水肿。

3. 触诊

就是用手隔着腹壁去触摸胎儿。能触摸到胎儿则认为怀孕,否则认为未怀孕。此妊娠诊断方法一般适用于妊娠中后期的妊娠诊断,其触诊部位和方法也因动物不同而有所区别,牛的触诊部位一般在右侧膝褶前方,多用振荡手法进行触诊。

4. 听诊

就是通过听胎儿心音来判定动物是否怀孕,此方法多用于奶牛这类大家畜,听诊时间在妊娠后半期。听诊要耐心认真,否则不易听到。

(二)内部检查

内部检查包括阴道检查和直肠检查。

1. 阴道检查

阴道检查就是通过观察阴道黏膜色泽、阴道黏液性状及子宫颈外口变化来判定动物是否怀孕的一种临床诊断方法,阴道检查只能作为一种辅助诊断方法。当动物子宫颈、阴道存在病理变化及有持久黄体存在时,易导致误诊、误判。

(1)阴道检查的操作方法

①保定动物。

②固定动物尾巴,对器械、手臂及动物外阴部进行清洗消毒。

③转动开膣器,使开膣器裂和阴门裂吻合,打开开膣器,观察阴道黏膜、阴道黏液及子宫颈变化,照明可用人工灯光。

④检查完毕,闭合开膣器后将其抽出。

(2)阴道检查内容

①奶牛怀孕后,阴道黏膜苍白、干涩,阴道黏液量少而黏稠。

②奶牛怀孕后,子宫颈口紧闭,子宫颈口内及附近黏液量少而黏稠。

2. 直肠检查

直肠检查是牛妊娠诊断上常用的一种诊断方法,隔着动物直肠壁,通过用手触摸动物卵巢上有无黄体、子宫变化、子宫颈变化、妊娠动脉有无、子宫位置、胎儿等情况来判断是否妊娠的一种妊娠诊断方法。

(1)牛直肠妊娠检查的方法和步骤

①保定好牛体,固定好尾巴。

②术者戴上一次性长臂手套。

③手指集拢成圆锥状,涂以润滑剂,缓缓插入牛肛门,努责时停止不要用力,不努责时徐徐前进。

④ 先摸到子宫颈,再向下滑找到角间沟,然后向前、向下触摸子宫角。

⑤摸过子宫角后,在子宫角尖端外侧下方寻找卵巢,然后触摸卵巢。

(2)牛直肠妊娠检查的内容及判定(图1-24至图1-27)

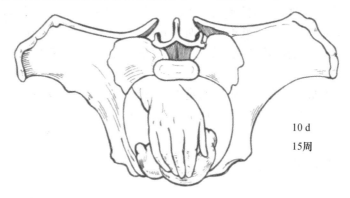

10 d

15周

图1-24   牛直检妊娠70 d

①牛妊娠20～25 d,排卵侧卵巢上有突出于表面的妊娠黄体卵巢的体积大于对侧,两侧子宫角无明显变化,触摸时感到子宫壁厚而有弹性。

②牛妊娠30 d,两侧子宫角不对称,孕角变粗、松软、有波动感、弯曲度变小,而空角仍维持原有状态。用手轻握孕角,从一端滑向另一端,似有胎泡从指间滑过的

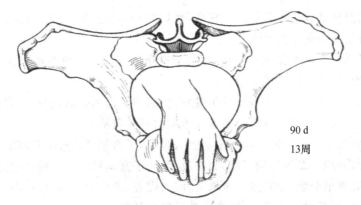

90 d

13周

图 1-25 牛直检妊娠 90 d

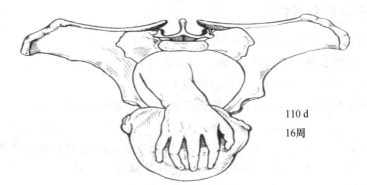

110 d

16周

图 1-26 牛直检妊娠 110 d

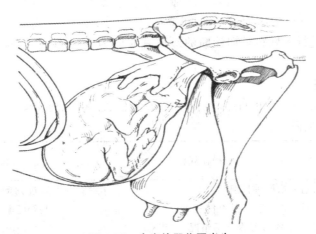

图 1-27 牛直检即将要出生

感觉,若用拇指和食指轻轻提起子宫角,然后放松,可感到子宫壁内似有一层薄膜滑开,这就是尚未附植的胎囊。

③牛妊娠 60 d,孕角明显增粗,相当于空角的 2 倍。孕角波动明显,子宫角开始垂入腹腔,但仍可摸到整个子宫。

④牛妊娠 90 d,子宫颈被牵拉至耻骨前缘,孕角大如排球,波动感明显,空角也明显增粗,孕侧子宫动脉基部开始出现微弱的特异搏动。

⑤牛妊娠 120 d,子宫及胎儿全部沉入腹腔,子宫颈已越过耻骨前缘,一般只能触摸到子宫的局部及该处的子叶,如蚕豆大小,子宫动脉的特异搏动明显。

⑥此后直至分娩,子宫进一步增大,沉入腹腔,子宫动脉变粗,并出现更明显的特异性搏动,用手触及胎儿,有时会出现反射性的胎动。

二、牛 B 超妊娠诊断

牛 B 超妊娠诊断常采用 5.0 MHz 或 7.5 MHz 直肠探头,探查时先掏出直肠中的宿粪,将探头涂上超声波胶,然后用手带入直肠中,隔着直肠壁将探头放在牛生殖器官的相应部位,即可看到相应的超声图像。

(1)配种怀孕 10～17 d,在妊娠侧子宫角中开始出现圆形或长形胚泡超声图像,直径大约 2.0 mm,长度 4.5 mm。

(2)妊娠 20 d 左右,出现胚体图像,胚体长 3.8 mm,并可探测到胚体的搏动。

(3)妊娠 30 d 左右,在胚体周围开始出现羊膜回声图像。

(4)妊娠 35 d 左右,可探查到子宫壁上的子叶。

(5)妊娠 42 d 左右,可观察到胎动。

(6)妊娠 60 d 左右,胚体长约 66 mm。

用 B 超进行牛妊娠早期诊断的最适宜时间为 28～30 d,妊娠诊断准确率为 90%～94%。

技能训练

(1)训练准备   妊娠母牛、空怀母牛、B 超仪、开膣器、内窥镜。

(2)操作规程

工作环节	操作规程	操作要求
问诊	①最后一次配种日期 ②最后一次配种后是否再发情 ③过去配种、受胎及产后情况 ④乳房及腹围变化情况	通过询问初步判断母牛是否妊娠

续表

工作环节	操作规程	操作要求
视诊	①是否有胎动 ②腹围是否变大,下腹壁是否有水肿 ③乳房是否胀大、水肿	通过外部观察初步判断母牛是否妊娠
触诊	牛的触诊部位一般在右侧膝褶前方,多用振荡手法进行触诊	通过触诊初步判断母牛是否妊娠
听诊	通过听胎儿心音来判定动物是否怀孕,此方法多用于奶牛这类大家畜,听诊时间在妊娠后半期。听诊要耐心认真,否则不易听到	通过听胎儿心音初步判断母牛是否妊娠
直肠检查	①保定好牛体,固定好尾巴 ②术者戴上一次性长臂手套 ③手指集拢成圆锥状,涂以润滑剂,缓缓插入牛肛门,努责时停止不要用力,不努责时徐徐前进 ④先摸到子宫颈,再向下滑找到角间沟,然后向前、向下触摸子宫角 ⑤摸过子宫角后,在子宫角尖端外侧下方寻找卵巢,然后触摸卵巢 ⑥牛直肠妊娠检查的内容:牛妊娠 20~25 d、牛妊娠 30 d、牛妊娠 60 d、牛妊娠 90 d、牛妊娠 120 d	通过直肠检查能准确判断母牛是否妊娠
B超妊娠诊断	①探查时先掏出直肠中的宿粪 ②将探头涂上超声波胶,然后用手带入直肠中,隔着直肠壁将探头放在牛生殖器官的相应部位,即可看到相应的超声图像	通过B超妊娠诊断能准确判断母牛是否妊娠

(3)作业　记录你的操作过程。

任务四　分娩及助产

【知识目标】

1. 了解分娩的过程。

2. 了解分娩的预兆。

3. 掌握预产期的计算。

4. 掌握难产的助产。

【能力目标】

1. 会通过分娩的预兆推算分娩时间。

2. 能熟练应用各种方法对不同原因的难产进行助产。

【基础知识】

母牛分娩的预兆和过程

1. 母牛分娩的预兆

(1)母牛产前 4 周体温逐渐升高,在分娩前 7～8 d 高达 39～39.5℃,但至分娩前 12～15 h,体温又下降 0.4～1.2℃。

(2)母牛乳房在产前 0.5～1 个月迅速发育,并呈现浮肿。分娩前 1～2 周,荐骨韧带软化,产前 24～48 h,荐骨韧带松弛,尾根两侧凹陷,特别是经产母牛下陷更甚。

(3)在分娩前 1 周,母牛的阴唇开始逐渐松弛、肿胀(为皱纹逐渐展平)。阴道黏膜潮红,由深稠变稀薄、松软,子宫颈塞融化变成透明的黏液,由阴道流出,此现象多见于分娩前 1～2 d。

(4)在行动上母牛表现为活动困难,起立不安,尾高举,回顾腹部,常做排粪尿状,食欲减少或停止。此时应有专人看护,做好接产和助产的准备。

2. 母牛分娩的过程

分娩时间从子宫颈开口到胎儿产出,需要 5～12 h(平均 9 h),这段时间内必须加强对母牛的护理。母牛的分娩过程可分为 3 个时期。

(1)开口期　由于子宫收缩会引起母牛腹痛和不安,而表现出不食、哞叫、躁动不安、尾根抬起,做排尿姿势。在经历较短时间的不安后,母牛会寻找一安静的地方,独自低头呆立,若有所思。在这一阶段,通过子宫的收缩(阵缩),要达到使子宫颈口完全开张的目的。对奶牛而言,这一阶段需要 2～8 h。

(2)胎儿产出期　子宫颈口开张充分后胎囊及胎儿就会出子宫颈口而进入阴道,分娩牛的腹肌及膈肌会开始收缩(努责)。这时大多数母牛会卧下用力努责,或时起时卧,卧地可加大母牛努责的力量。

随着努责及分娩过程的继续进行,当胎儿头部通过骨盆腔出口时,大多数分娩牛会侧卧于地,四肢伸直,强烈努责,此时母牛会表现出极度不安;努责一会儿后分娩牛会停顿休息片刻,然后继续进行强烈努责。当胎头露出阴门后有些牛会站立起来,做片刻放松然后继续卧下努责,直到最后完成产出胎儿。对奶牛而言,从子宫颈口完全开张到产出胎儿,一般需要 3～4 h。从开始启动分娩到产出胎儿,一般需要 5～12 h(平均为 9 h)。一般来说,初产牛所用的时间要长一些,表现也要强一些。

(3)胎衣排出期 胎儿排出后,子宫还在继续收缩,同时伴有轻微的努责,将胎衣排出。牛的母子胎盘粘连较紧密,在子宫收缩时,胎盘不易脱离,因此胎衣排出的时间较长,一般是 5～8 h,最长不应超过 12 h,不然按胎衣不下处理。

3. 接产

(1)计算预产期 奶牛的怀孕期平均 280 d,范围在 255～305 d 之间,青年母牛的怀孕期比经产母牛少 3 d,怀母犊比怀公犊少 2 d,怀双胎比怀单产少 4 d。

母牛预产期的推算方法可采用配种月份减 3,配种日期加 7 的方法,如若配种月份在 1～2 月份时,可加上 12 个月后再减去 3。

举例如下:某头母牛最后一次配种日期为 1998 年 8 月 6 日,预产期则为:

8－3＝5(即为 1999 年 5 月)

6＋7＝13(即 5 月 13 日)

(2)接产 当母牛临近分娩时,用 0.1％新洁尔灭溶液或 0.1％高锰酸钾溶液清洗消毒母牛的外阴部,最好用纱布绑带将母牛的尾巴缠好系于一侧,接产人员穿好工作服、胶围裙和脱靴,消毒手臂。为防止难产,当胎儿的前置部分进入产道后,将手臂伸入产道检查 1 次,以确定胎儿的方向、位置和姿势是否正常,以便对胎儿的反常姿势作出早期诊断,尽早矫正,避免难产,甚至可急救胎儿。如是胎位正常时,胎儿的三件(唇和两前蹄)俱全,则可让其自然排出。胎儿三件露出阴门外后,如果上面还覆盖有羊膜尚未破裂,要立即将撕破,使胎儿的嘴、鼻暴露出来,并擦净嘴、鼻上的黏液,以利呼吸、防止窒息。但也不要过早地撕破羊膜,以免羊水过早流出。当羊水已流出,胎儿尚未排出,而母牛阵缩和努责又比较微弱时,接产人员可抓住胎头和两前肢腕部,随着母牛努责的频率,沿着骨盆轴的方向缓缓拉出胎儿。切不可强行拉出,以免带出子宫,造成子宫脱落。如发现是倒生(两后蹄掌心朝上)时,要迅速拉出胎儿,否则胎儿脐带被挤在胎儿和骨盆之间,妨碍脐带血液流通,使供氧中断。出现反射性呼吸,吸入羊水导致胎儿窒息。

当出现母牛努责和阵缩微弱、无力排出胎儿且产道狭窄,或胎儿过大通过阴门困难等,要迅速拉出胎儿。

4. 难产与助产

(1)母牛的难产可根据引起的原因不同,分为产力性难产、产道性难产和胎儿性难产。

①产力性难产。指母体阵缩、努责微弱,或阵缩过早,或母牛子宫疝气,或羊水

过早流失等原因引起的难产。

②产道性难产。是由于母体发生子宫扭转，或子宫颈开张不全、狭窄或阴道、阴门狭窄以及子宫肿瘤等原因引起的难产。

③胎儿性难产。是由于胎势不正、胎位异常和胎向发生反常引起的难产。胎儿过大、畸形或怀双胎时两侧同时嵌入产道等也能引起难产。

（2）当出现难产时，不仅要掌握胎儿是正生还是倒生，更重要的是了解胎势、胎位、胎向和进入产道的程度，并要正确判断胎儿的死活，以利确定助产原则和助产的方式、方法。

①正生时判定胎儿死活的方法：

术者将一手指伸入胎儿口中，感觉胎儿有无吮吸反射，如果有吮吸反射，则说明胎儿尚活。

• 术者用手牵拉或捏掐胎儿的舌头，感觉有无反应，如有反应则说明胎儿尚活。

• 术者用手指轻按胎儿眼球，感觉有无反应，如有反应则说明胎儿仍活。

• 还可通过触摸胸腔及颈部脉动的方法判断胎儿是否存活。

②倒生时的检查方法：

• 术者可将一只手指插入胎儿的肛门中，感觉有无肛门抽缩反射，如有反应则说明胎儿仍活。

• 术者还可通过触摸股动脉及脐脉动的方式来判断胎儿的死活。

③另外，如果发现胎水中有胎粪，则说明胎儿活力不强，要抓紧时间助产，产出后要做好救助准备；如果发现胎水中有较多脱落的被毛、胎儿皮下水肿或有捻发音，则说明胎儿已死亡。

（3）难产救助时，在尽力确保母子安全的前提下，要避免产道受损伤或感染。

①救助过程中，产牛要采用侧卧保定或站立保定，将胎儿异常部向上。

②当胎儿前肢和头部露出阴门时，而羊膜仍未破裂，要将胎膜扯破，并将胎儿口腔、鼻周围的黏液擦干净，以使胎儿呼吸。

③当破水过早，产道干燥或狭窄而胎儿过大时，可向阴道内灌入肥皂水或植物油润滑产道，便于拉出。

④如母牛努责无力，需要拉出胎儿时，应配合母牛的努责进行，并注意胎儿与产道之间的关系，要保护阴门及会阴部，应有人用双手扩大阴门，以防撑破。

⑤如矫正胎儿异常部位时，为便于矫正，应在矫正前将胎儿的前置部分拴上产科绳后推回子宫内，然后再施行矫正。

⑥推时要待母牛努责间歇期间进行。在拉出胎儿的过程中，应随母牛的努责

用力牵拉。

技能训练

(1)训练准备　准备 10 头牛的配种日期,0.1%高锰酸钾,助产器械。

(2)操作规程

工作环节	操作规程	操作要求
计算预产期	利用公式计算	准确计算出预产期
接产	①用 0.1%新洁尔灭溶液或 1%高锰酸钾溶液清洗消毒母牛的外阴部 ②用纱布绑带将母牛的尾巴缠好系于一侧 ③确定胎儿的方向、位置和姿势是否正常 ④将羊膜撕破,使胎儿的嘴、鼻暴露出来,并擦净嘴、鼻上的黏液,以利呼吸、防止窒息 ⑤接产人员可抓住胎头和两前肢腕部,随着母牛努责的频率,沿着骨盆轴的方向缓缓拉出胎儿	按照操作步骤顺利对犊牛进行接产,动作熟练
助产	①产牛要采用侧卧保定或站立保定,将胎儿异常部向上 ②当胎儿前肢和头部露出阴门时,而羊膜仍未破裂,要将胎膜扯破,并将胎儿口腔、鼻周围的黏液擦干净,以使胎儿呼吸 ③当破水过早,产道干燥或狭窄而胎儿过大时,可向阴道内灌入肥皂水或植物油润滑产道,便于拉出 ④如母牛努责无力,需要拉出胎儿时,应配合母牛的努责进行,并注意胎儿与产道之间的关系,要保护阴门及会阴部,应有人用双手扩大阴门,以防撑破。如矫正胎儿异常部位时,为便于矫正,应在矫正前将胎儿的前置部分拴上产科绳后推回子宫内,然后再施行矫正。推时要待母牛努责间歇期间进行。在拉出胎儿的过程中,应随母牛的努责用力牵拉	根据各种异常情况采用不同的助产方式,使胎儿顺利生产
判断胎儿死活	正生时判定胎儿死活的方法: ①术者将一手指伸入胎儿口中,感觉胎儿有无吮吸反射,如果有吮吸反射,则说明胎儿尚活 ②术者用手牵拉或捏掐胎儿的舌头,感觉有无反应,如有反应则说明胎儿尚活	应用各种方法判断胎儿的死活

续表

工作 环节	操作规程	操作要求
判断胎 儿死活	③术者用手指轻按胎儿眼球,感觉有无反应,如有反应则说明胎儿 仍活 ④还可通过触摸胸腔及颈部脉动的方法判断胎儿是否存活 倒生时的检查方法: ⑤术者可将一只手指插入胎儿的肛门中,感觉有无肛门抽缩反射, 如有反应则说明胎儿仍活 ⑥术者还可通过触摸股动脉及脐脉动的方式来判断胎儿的死活 另外,如果发现胎水中有胎粪,则说明胎儿活力不强,要抓紧时间助 产,产出后要做好救助准备;如果发现胎水中有较多脱落的被毛、胎 儿皮下水肿或有捻发音,则说明胎儿已死亡	应用各种方 法判断胎儿 的死活

（3）作业　记录你的操作过程。

任务五　胚胎移植

【知识目标】

1. 掌握胚胎移植的生理基础和处理程序。

2. 掌握胚胎移植的基本原则。

3. 掌握胚胎移植的基本程序。

4. 掌握受体的同期发情处理方法。

5. 掌握采胚方法和移胚方法。

【能力目标】

掌握牛的胚胎移技术。

【基础知识】

一、胚胎移植的意义

（1）充分发挥优良母畜的繁殖潜力　缩短了优良母畜的繁殖周期同时可产生更多的后代。

（2）缩短世代间隔,及早进行后裔测定　通过重复超数排卵,不断移植,使后代总数大大增加,可及早地对后代进行后裔测定,MOET 育种已成为现代育种工作的有力手段。

(3)增加双胎率　在肉牛业中通过胚胎移植增加双胎率。不但提高了供体母畜的繁殖率,同时也提高了受体母畜的繁殖率,从而大大提高了生产效率。

(4)保存品种资源　胚胎长期保存是保存动物品种资源的理想方法。冷冻胚胎和冷冻精液共同构成动物优良性状的基因库。

(5)防止疾病传播　在养猪业中,采用胚胎移植技术代替剖腹取仔的方法可培育无特异病原体(SPE)猪群。

(6)使不孕母畜获得生育能力　对于不能妊娠的母畜,可以根据具体情况专门作为供体或受体,继续发挥其繁殖作用。

(7)促进基础理论研究　胚胎移植技术为动物繁殖生理学、生物化学、遗传学、细胞学、胚胎学、免疫学、动物育种学和进化等学科开辟了新的研究途径。

(8)满足畜牧业现代化的需要　胚胎移植可以使优良母畜的繁殖效率接近或达到生物学最高限度,并且能够迅速改进家畜的品质。

二、胚胎移植的基本原则

(一)胚胎移植前后供体和受体所处环境的同一性

(1)在分类学上的同属性　在分类学上属于同一个种。

(2)生理上的一致性　一般供、受体发情同步差要求在±24 h 以内。

(3)解剖部位的一致性　胚胎采自供体的输卵管就移到受体的输卵管,采自供体的子宫角就移至受体的子宫角。

(二)胚胎发育的期限

胚胎采集和移植的期限(胚胎日龄),不能超过发情周期黄体的寿命。

(三)胚胎的质量

在胚胎移植全部操作过程中,胚胎不应受任何不良因素的影响。

(四)供、受体的状况

(1)生产性能和经济价值　供体的生产性能要高于受体,经济价值要大于受体,这样才能体现胚胎移植的优越性。

(2)全身及生殖器官的生理状况　供体、受体应健康、营养良好、体质健壮,特别是生殖器官应具有正常生理机能,否则会影响胚胎移植效果。

三、胚胎移植技术

胚胎移植的过程,在各种家畜基本相同,都是要经过供体、受体的选择,供体超排处理,受体同期发情处理,配种(输精),收集胚胎(采卵)和移植胚胎(移卵)等步骤(图 1-28)。

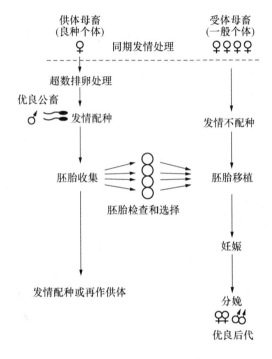

图 1-28　胚胎移植程序示意图

(一)供体和受体的选择

1. 供体的选择

(1)生产性能高,经济价值大,具备遗传优势,在育种上有价值。

(2)既往繁殖史正常,无遗传缺陷,具有良好的繁殖能力,且分娩顺利。

(3)体质健壮,膘情适度。

2. 受体的选择

受体母畜可选用非优良品种个体,但应具有良好的繁殖性能和健康体况,可选择与供体发情周期同步的母畜为受体。

（二）药品和器械的准备

1. 药品

FSH、HCG、PGF$_{2\alpha}$；麻醉剂；生理盐水、75％酒精、2％碘酒、青霉素。

2. 器械

10 mL 和 1 mL 注射器、手术刀、剪子、镊子、止血钳、创布、缝合针、线及手术台；冲胚管、移胚管、显微镜、表面皿、凹玻片、拔胚针等。

（三）供体的超数排卵

超排技术通常用于单胎家畜，其目的是让优良母畜排出大量卵子，充分发挥其繁殖潜力，是胚胎移植中的一个重要环节。

1. 超排方法

（1）PMSG 或 FSH 超排　给供体母畜注射 PMSG 或 FSH，发情开始后 12～16 h 和 20～24 h 各配种（输精）一次，并于第一次配种后静脉注射 HCG 或 LH，以便排出更多卵子。

（2）配合应用前列腺素（PG）　PG 的用法通常是在应用 PMSG 以后大约 48 h 进行肌肉注射。牛的用量因 PG 种类而异，PGF$_{2\alpha}$ 为 30 mg，15 甲基 PGF$_{2\alpha}$ 为 2 mg，氯前列烯醇为 500 μg。

（3）PMSG 与抗 PMSG 配合使用　抗 PMSG 可以消除 PMSG 的残留作用，明显增加可用胚胎数，提高超排效果。

2. 超排效果的评判标准

超排是胚胎移植中最难控制的一个环节，在实践中只要能使一半以上处理母畜达到满意结果，则认为超排是成功的。

（四）受体的同期发情

胚胎移植时，必须对受体进行同期发情处理，使受体母畜和供体的发情同期化，其发情时间差应控制在 12 h 之内，若超过±24 h，则妊娠率急剧下降。

当前比较理想的同期发情药物是 PG 及其类似物，其剂量因 PG 种类和用法不同而异。15-甲基 PGF$_{2\alpha}$ 2 mg 肌肉注射，氯前列烯醇 500 μg 肌肉注射。

（五）供体的发情鉴定和配种

超排处理结束后，要密切观察供体的发情症状，为确保卵子受精，一般在发情 8～12 h 输精一次，以后间隔 8～12 h 再输精一次，并且要加大输精量。

（六）胚胎采集

在配种或输精后适当时间，从超排供体回收胚胎，准备给受体移植，称胚胎采集或胚胎回收,简称采胚。

1. 冲胚液和培养液的配制

现在多采用杜氏磷酸盐缓冲液(PBS),不但可用于冲洗、采集胚胎,还可用于体外培养、冷冻保存和解冻胚胎。

冲胚液犊牛血清含量一般为 3%(1%～5%),培养液血清含量为 20%(1%～50%)。犊牛血清需加热(56℃水浴 30 min)灭活。

2. 采胚时间

根据配种时间、排卵的大致时间、胚胎的运行速度、胚胎的发育阶段、畜种、胚胎所处部位及采胚方法等因素来确定是适宜的采胚时间。

3. 采胚方法

采用非手术法进行采胚,且只能在胚胎进入子宫后进行。

(1)手术法采胚

• 母畜保定   一种方法是用全身或后躯麻醉,母畜进行仰卧保定。另一种方法是用局部麻醉,使母畜站立于六柱栏中保定。两者的保定姿势均为前低后高的方式。

• 麻醉   全身麻醉可用普鲁卡因、酒精等;局部后躯麻醉用普鲁卡因、利多卡因进行腰荐或尾椎硬膜外腔注射,手术部位再以利多卡因作皮肤浸润麻醉。

• 手术部位   母牛可在乳房至脐孔之间的白线上剖腹,切口长约 10 cm;羊在乳房左侧切口,切口长度 4～6 cm。

• 采胚   主要包括输卵管冲胚法、子宫角冲胚法和输卵管—子宫角冲胚法三种。

• 防止手术部粘连的方法

①不要用金属器械夹持生殖器官。

②所用手套、棉花、纱布等术前要用生理盐水浸湿,以防黏附于生殖器官上。

③在生殖器官表面洒涂低浓度肝素液、樟脑油等,以防止其表面附着血或血凝块。

④缝合要牢固、紧密,防止术后发生疝症。

(2)非手术法采胚   一般在配种后 7(6～8)d 进行。

供体牛的保定和麻醉同手术法采胚,采胚时先用扩张棒对子宫颈进行扩张(青年牛尤为必要)。采胚管消毒后,将无菌不锈钢导杆插入采胚管内。将采胚管经子宫颈缓慢导入一侧子宫角基部,由助手抽出部分不锈钢导杆,操作者继续向前推进采胚管,当达到子宫角大弯附近时,助手从进气口注入 12～25 mL 气体。当气囊位置和充气量合适时,抽出全部不锈钢导杆。助手用注射器吸取事先加温至 37℃的冲胚液,从采胚管的进水口推进,进入子宫角内,再将冲胚液连同胚抽回注射器内,如此反复冲洗和回收 5～6 次,将每次回收的冲胚液收入集胚器内,并置于 37℃的恒温箱或无菌检胚室内等待检胚。一侧子宫角冲胚结束后,按上边方法再冲洗另一侧子宫角。

4. 检胚

检胚应在 20～25℃的无菌操作室内进行。在立体显微镜下,检查收集到的胚胎数,并用一细检胚吸管将胚胎移至新鲜培养液内,在放大 40～200 倍的复式显微镜下进行形态学观察,选出适合于移植的正常胚胎(图 1-29 至图 1-31)。

(七)胚胎保存

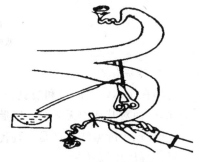

图 1-29　子宫回收胚胎

1. 常温保存

即在常温(15～25℃)下保存胚胎。通常采用含 20%犊牛血清的 PBS 保存液,可保存胚胎 4～8 h。

2. 低温保存

即在 0～10℃的较低温度下保存胚胎的方法。在此温度下,胚胎细胞分裂暂停,新陈代谢速度显著减慢,所以较常温保存的存活时间要长。

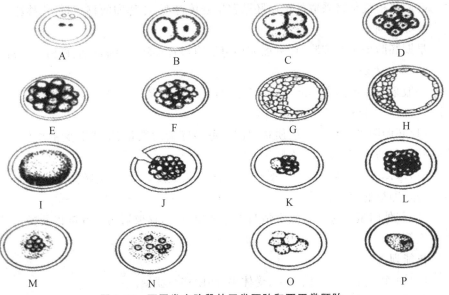

图 1-30　不同发育阶段的正常胚胎和不正常胚胎

正常胚胎:A. 1 细胞期　B. 2 细胞期　C. 4 细胞期　D. 8 细胞期　E. 密集桑葚期　F. 桑葚期
G. 囊胚　H. 扩张囊不正常胚胎　I. 受精卵　J. 透明带破损　K. 透明带椭圆　L～P. 退化变性期

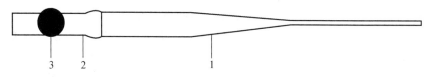

图 1-31　检胚吸管

1. 吸管　2. 乳胶管　3. 玻璃珠

3. 冷冻保存

即在干冰（－79℃）和液氮（－196℃）中保存胚胎。其最大优点是胚胎可以长期保存,而对其活力无影响。胚胎冷冻方法有以下几种:

（1）逐步降温法　这是一种传统方法,本法的优点是解冻后胚胎存活率较高,但操作程序比较复杂。

（2）一步细管法　即在细管内用非渗透性蔗糖溶液一步脱除抗冻剂（甘油）的方法。其特点是从解冻到移植的全过程简单易行,利于在生产中推广应用。

（3）玻璃化法　用这种方法冷冻时,胚胎内外液体能同时玻璃化,不会形成冰晶,能较好地保护胚胎。

（八）胚胎移植

胚胎移植就是将采取的可用胚胎移给受体母畜,亦称卵的移植,简称移卵。

1. 移胚部位

早期胚胎少于 8 细胞时,一般应移植于输卵管;多于 8 细胞,应移植于子宫角。

2. 移胚方法

一般采用非手术法移胚,与采胚相似,先将母畜保定麻醉后,再移胚。

3. 影响胚胎移植妊娠率的因素

（1）胚胎因素　包括胚胎质量、日龄、移植胚胎的数量、提供胚胎的供体、胚胎在体外培养的时间、鲜胚和冻胚等。

（2）母体因素　包括供体、受体发情同期化程度,受体的孕酮水平,受体的营养,子宫、卵巢的生理状况等。

（3）其他因素　包括自然发情与人工诱导发情,移植器污染程度以及操作者熟练程度等。

技能训练

（1）训练准备　准备供体牛、受体牛、胚胎移植器械。

（2）操作规程

工作环节	操作规程	操作要求
供体选择	①生产性能高,经济价值大,具备遗传优势,在育种上有价值 ②既往繁殖史正常,无遗传缺陷,具有良好的繁殖能力,且分娩顺利 ③体质健壮,膘情适度	会选择供体牛
受体选择	受体母畜可选用非优良品种个体,但应具有良好的繁殖性能和健康体况,可选择与供体发情周期同步的母畜为受体	会选择受体牛
手术采胚	①母畜保定 ②采胚 ③手术部位 ④麻醉 ⑤防止手术部粘连	能熟练采胚
非手术采胚	①供体牛的保定和麻醉同手术法采胚,采胚时先用扩张棒对子宫颈进行扩张(青年牛尤为必要) 采胚管消毒后,将无菌不锈钢导杆插入采胚管内 ②将采胚管经子宫颈缓慢导入一侧子宫角基部,由助手抽出部分不锈钢导杆,操作者继续向前推进采胚管,当达到子宫角大弯附近时,助手从进气口注入 12~25 mL 气体。当气囊位置和充气量合适时,抽出全部不锈钢导杆 ③助手用注射器吸取事先加温至 37℃ 的冲胚液,从采胚管的进水口推进,进入子宫角内,再将冲胚液连同胚抽回注射器内,如此反复冲洗和回收 5~6 次,将每次回收的冲胚液收入集胚器内,并置于 37℃ 的恒温箱或无菌检胚室内等待检胚 ④一侧子宫角冲胚结束后,按上边方法再冲洗另一侧子宫角	能熟练采胚

(3)作业　记录你的操作过程。

任务六　牛繁殖力评定

【知识目标】

1. 掌握牛群繁殖力评定的指标。

2. 了解牛群的正常繁殖力。

【能力目标】

1. 综合运用多种学科的知识掌握提高繁殖力的方法。

2. 掌握牛群繁殖力评定指标的计算方法。

【基础知识】

一、牛群繁殖性能指标

(1)受配率在 80％以上。

(2)产犊率在 90％以上,总受胎率在 95％以上。

(3)个体受胎率平均所需配种次数低于 1.6 次。

(4)产犊间隔在 13 个月以下。

(5)有繁殖障碍的个体不超过 10％。

(6)牛群中 70％以上个体产后 60 d 内开始出现发情。

(7)第一次配种的受胎率(如果在产后 45 d 配种)应高于 55％。

(8)胎衣不下发生率应该小于 8％。

(9)流产率 妊娠 45～270 d 的流产率应该低于 8％;妊娠 120 d 以后的流产率应该低于 2％。

(10)犊牛死亡率 青年母牛的犊牛死亡率应该低于 8％;成年母牛应该低于 6％。

二、牛群繁殖性能的计算

1. 受配率

受配母牛与适龄母牛之比,受配率的高低受饲养管理和营养水平的影响。

$$受配率 = \frac{受配母牛}{适龄母牛} \times 100\%$$

2. 年情期受胎率

妊娠母牛数占总配种情期数(包括复配情期数)的百分比。

$$年情期受胎率 = \frac{一年内确孕总头数}{全年配种总头次(情期数)} \times 100\%$$

3. 一次情期受胎率

在一个情期内受胎母牛数占受配母牛的百分比。

$$一次情期受胎率 = \frac{一个情期内受胎母牛数}{一个情期内受配母牛数} \times 100\%$$

4. 年总受胎率

$$年总受胎率 = \frac{一年内总受孕母牛数}{年内平均母牛数} \times 100\%$$

年内平均母牛数＝期初年满18月龄母牛＋年内每月满18月龄转群母牛数＋期末不足18月龄已配母牛数

年总受胎率应在90%±5%,低于80%要引起重视。

5. 年空怀率

$$年空怀率 = \frac{年平均空怀头数}{年平均母牛头数} \times 100\%$$

年平均母牛头数是指成年母牛平均头数,加上年满18月龄的青年母牛年平均头数。

6. 产犊率

衡量繁殖性能的综合指标。

$$产犊率 = \frac{本年度出生犊牛总数}{上年度末成年母牛头数} \times 100\%$$

$$犊母牛存活率 = \frac{全年产母犊头数 - 全年在6月龄内死亡的母犊头数}{年产母犊头数} \times 100\%$$

7. 年繁殖率

年度内出生的犊牛头数占本年度初应繁殖母牛头数的百分率,称年繁殖率。

$$年繁殖率 = \frac{年实繁母牛头数}{年应繁母牛头数} \times 100\%$$

8. 有效配种率(受胎指数)

有效配种率是指"每次受胎的配种次数",即平均受胎配种次数。

受胎指数＝年内配种次数/年内受胎头数

9. 产仔(犊)间隔

母畜两次产仔平均间隔天数。产仔间隔短,繁殖率就高。

产犊指数＝每两次产犊间隔的天数总和/总产犊天数

10. 断奶成活率

$$断奶成活率 = \frac{成活仔畜数}{产出仔畜数} \times 100\%$$

技能训练

(1)训练准备　到奶牛场统计繁殖力指标相关的数据,然后计算。

(2)操作过程

工作环节	操作规程	操作要求
受配率统计	$受配率 = \dfrac{受配母牛}{适龄母牛} \times 100\%$	统计准确 计算准确
年情期受胎率	$年情期受胎率 = \dfrac{年内确孕总头数}{全年配种总头次（情期数）} \times 100\%$	统计准确 计算准确
一次情期受胎率	$一次情期受胎率 = \dfrac{一个情期内受胎母牛数}{一个情期内受配母牛数} \times 100\%$	统计准确 计算准确
年总受胎率	$年总受胎率 = \dfrac{年内总受孕母牛数}{年内平均母牛数} \times 100\%$	统计准确 计算准确
年空怀率	$年空怀率 = \dfrac{年平均空怀头数}{年平均母牛头数} \times 100\%$	统计准确 计算准确
产犊率	$产犊率 = \dfrac{本年度出生犊牛总数}{上年度末成年母牛头数} \times 100\%$	统计准确 计算准确
年繁殖率	$年繁殖率 = \dfrac{年实繁母牛头数}{年应繁母牛头数} \times 100\%$	统计准确 计算准确
受胎指数	受胎指数 = 年内配种次数/年内受胎头数	统计准确 计算准确
产犊指数	$产犊指数 = \dfrac{每两次产犊间隔的天数总和}{总产犊天数}$	统计准确 计算准确
断奶成活率	$断奶成活率 = \dfrac{成活仔畜数}{产出仔畜数} \times 100\%$	统计准确 计算准确

（3）作业　书写各种繁殖力指标的计算公式。

任务七　繁殖疾病治疗

【知识目标】

1. 掌握各种繁殖疾病的症状。

2. 会诊断各种繁殖疾病。

3. 会治疗各种繁殖疾病。

4. 了解各种繁殖疾病的预防。

【能力目标】

能根据疾病症状诊断出繁殖疾病,并且能根据实际情况进行有效的治疗和提出相应的预防措施。

【基础知识】

一、不孕症

奶牛达到配种年龄后或产后 6 个月不能配种受胎者均属于不孕症之列。防治母牛不孕症必须做好以下工作。

1. 准确掌握发情关

准确掌握发情关,正确判定母牛发情,不漏掉发情牛,不错过发情期,是防止奶牛不孕症的先决条件。

(1)进行阴道检查,观察阴道黏膜、黏液状态及子宫颈口开张情况。

(2)直肠检查,触摸子宫、卵巢及卵泡的状况。

(3)可用适当的催情药进行催情,如肌肉注射氯前列烯醇注射液 4 mL 或肌肉注射孕马血清进行催情促排。

2. 把好适时配种关

在正确鉴定发情的前提下,掌握正确的配种时间是提高奶牛受胎率的关键一环。

(1)掌握该母牛的发情和配种情况,要建立详细的配种记录。

(2)严格遵守人工授精的操作规则,严格进行精液品质检查,做好冻精解冻,正确掌握授精时间,消毒要严格,输精部位要准确。

(3)对配种 2～3 次尚未受孕的母牛,可采取在临输精前向子宫中送入青霉素 40 万～60 万单位的方法。

3. 把好分娩护理关

(1)临产母牛应该尽量做到自然分娩,避免过早的人工助产 必须助产时,要让兽医进行助产。助产时要做好卫生消毒工作,防止产道损伤,减少产道感染。

(2)对胎衣不下的牛应及时进行治疗处理 凡胎衣不下的牛可剥离后用抗生素进行子宫灌注。如胎衣粘连过紧,不好剥离者,向子宫中及时灌注抗生素或子宫净化专用药(金霉素 2 g 或土霉素 4 g 或宫康注射液),隔日或每日一次,直到阴道流出的分泌物清亮为止。

(3)做好母牛出产房的健康检查 产后 7 d、15 d 各检查产道一次,正常者可出产房;凡子宫内膜炎或胎衣不下者,一律在产房内治愈后才能出产房。出产房的母牛必须坚持 3 个标准:一是食欲、泌乳正常,全身健康无病;二是子宫恢复正常;三是阴道分泌物清亮或呈淡红色,无臭味。

4. 把好饲养管理关

搞好饲养管理是增强牛体健康,减少营养性不孕症的基本方法。母牛若精料过多又运动不足,则容易导致母牛过肥,造成奶牛发情异常,妨碍受孕。运动与阳光浴对防止奶牛不孕也有重要作用,牛舍通风换气不好,空气污浊,过度潮湿,夏季闷热等恶劣环境,不仅危害牛体健康,还会造成母牛发情停止。因此,在饲养管理上要保证优质全价,保证充足的维生素、矿物质,饲料要多样化。

二、卵巢机能不全

卵巢机能不全是指卵巢机能暂时受到扰乱,机能减退,性欲缺乏,卵泡发育中途停止(卵泡萎缩、卵泡交替发育),长期的机能衰退可导致卵巢萎缩。

1. 症状及诊断

本病的主要临床症状是发情周期延长,发情症状(表现)减弱或安静发情,有的则出现性周期紊乱现象(卵泡交替发育)。直肠检查时一般摸不到卵泡和黄体。

如果发展成为卵巢萎缩,则长期不发情,卵巢小而硬,母牛的卵巢仅有豌豆大小。

本病多发生于年龄较大、体质较弱的牛。

本病一般通过临床症状观察和直肠检查卵巢可做出诊断。

2. 防治

对于年龄不大的患病牛,卵巢机能不全一般预后良好。如果母牛衰老或卵巢已发生萎缩、硬化,则无治疗价值。

尽管现在催情的方法和药物种类繁多,但尚无可适用于不同症状的一种十分理想的药物和方法,因为,卵巢机能的正常活动是许多生理性及环境因素共同协调作用的结果。

改善饲养管理,增加运动、合理日照、保证日粮中有丰富的矿物质、维生素、蛋白质是预防本病的重要措施。

对由生殖器官疾病引发的卵巢机能不全,要做好原发病的治疗。

治疗奶牛卵巢机能不全,可采用如下几种治疗方法:

(1)激素治疗

①促卵泡素:肌肉注射 100～200 单位,每日或隔日 1 次,共用 2～3 次。还可配合促黄体素进行治疗。

②绒毛膜促性腺激素:肌肉注射 1 000～3 000 单位,必要时可间隔 1～2 d 重复注射 1 次。

③孕马血清:肌肉注射 1 000～2 000 单位,1～2 次。

④雌激素:这类药物对中枢神经及生殖系统有直接兴奋作用,用药后可引起母畜表现明显的外部发情症状,但对卵巢无刺激作用,不引起卵泡发育和排卵。但用此类药物可以使动物生殖系统摆脱生物学上的相对静止状态,促进正常发情周期的恢复。因此,用此类药后的头一次发情不排卵(不必配种),而在以后的发情周期中可正常排卵。

常用的雌激素类药物及用量为:

雌二醇,肌肉注射 4～10 mg。

己烯雌酚,肌肉注射 20～25 mg。

此类药物不宜大剂量连续用药,否则易引起卵泡囊肿。

(2)维生素 A 治疗　维生素 A 对于缺乏青绿饲料引起的卵巢机能减退有较好的疗效,一般每次肌肉注射 100 万单位,每 10 d 1 次,注射 3 次后的 10 d 内卵巢上会出现卵泡发育,且可成熟受胎。还可配合维生素 E 进行治疗。

三、卵巢囊肿

卵巢囊肿分为卵泡囊肿和黄体囊肿两种。卵泡囊肿是由于卵泡上皮变性卵泡壁结缔组织增生变厚、卵细胞死亡、卵泡液未吸收或增加而形成,其壁较厚。黄体囊肿是由于未排卵的卵泡壁上皮细胞黄体化而形成,或是正常排卵后由于某种原因黄体不足,在黄体内形成空腔,腔内聚积液体而形成。

卵泡囊肿和黄体囊肿可单个或多个发生于一侧或两侧卵巢上。二者多单独发生,有时两种囊肿病也同时发生(约占发病总数的 1%),单独发生时以卵泡囊肿居多,约占发病总数的 70%。奶牛产后 45 d 内及首次排卵前卵巢囊肿发病率高,约占发病总数的 70%,由于在此阶段有一个自然重建卵巢周期的过程,常不易被发现。

1. 症状及诊断

患卵泡囊肿的母牛主要特征是发情周期不规律,频繁而持续发情,严重时发展成为"慕雄狂"。患病时间长的牛,其颈部肌肉逐渐增厚而类似公牛,荐坐韧带松弛,臀部肌肉塌陷,尾根高抬,尾根与坐骨结节之间出现一个深的凹陷。

直肠检查时发现,卵巢上有一个或数个泡壁紧张而有波动的囊泡,其直径一般均超过 2 cm 以上 ,大的囊泡有的达到 5～7 cm。长期的卵泡囊肿,也可以并发子宫内膜炎和子宫积水。黄体囊肿外表症状为不发情,黄体囊肿多为一个,大小与卵泡囊肿差不多,其壁厚面软。

有时产后首次发情成熟的卵泡异常大,易误认为是囊肿;陈旧的囊肿与成熟卵泡可并存于卵巢上,而前者已变性无分泌激素能力。其实这都属于正常发情,能排卵受精,应适时配种。

2. 治疗

(1)激素治疗

①人绒毛膜促性腺激素(HCG)治疗法:HCG 为蛋白质激素,第一次肌肉注射后产生抗体,再次注射时效果降低,一般不宜多次注射。而静脉注射几乎不产生抗体,国外现多用 1 500~5 000 单位 HCG 溶于 5% 的葡萄糖溶液中静脉注射,治疗效果显著。

②促性腺素释放激素(GnRH)治疗法:肌肉注射 GnRH 25~100 μg 能诱发患囊肿的母牛释放黄体素,囊肿大多黄体化;而大剂量使用 GnRH(0.5~1.5 mg)则可促使排卵。

③皮质类固醇治疗法:肌肉注射 10~40 mg 氢化可的松或 10~20 mg 地塞米松,对于使用促性腺激素无效的牛治疗效果较好。

④孕酮治疗法:一次注射孕酮 750~1 500 mg,或 200~500 mg/d,每日或隔日 1 次,连用 2~7 次。其效果略低于 GnRH 或 HCG,若静脉注射 HCG 300 单位后,再肌肉注射孕酮 125 mg,对囊肿的治愈率可达 60%~80%。

⑤前列腺激素治疗法:对于黄体囊肿,可采用肌肉注射氯前列烯醇 0.4~0.8 mg 进行治疗,2~3 d 可消囊肿并出现发情。

(2)中药治疗 消囊散:炙乳香 40 g,炙没药 40 g,香附 80 g,三棱 45 g,黄柏 60 g,知母 60 g,当归 60 g,川芎 30 g,鸡血藤 45 g,益母草 90 g。研末冲服,每日 1 剂,连用 3~6 剂。

(3)人工摘除法 在没有其他治疗方法的情况下可考虑采取人工摘除。此法治愈率低,易造成卵巢发炎和粘连,使受胎率降低,甚至引起不孕。产后早期使用此法效果较好。

3. 预防措施

(1)营养管理 豆科牧草一次饲喂量过多,母牛分娩后机体处于能量负平衡状态,往往会延长分娩至首次发情排卵的间隔时间及分娩后卵巢机能恢复的间隔时间。维生素对本病的发生也有影响,合理的日粮配合非常重要。

(2)产后注射 GnRH 产后 2 周内肌肉注射 GnRH 200 μg,可降低卵巢机能异常,提高受胎率,降低卵巢囊肿的发生率。

(3)控制子宫炎症 产后早期卵巢正常周期,降低因子宫炎症引起的囊肿,从而提高受胎率。

四、持久黄体

持久黄体是一个或数个应该消失而未消失的黄体。其来源有二：一是发情周期黄体，在维持了一定时间后应该消失而未消失；二是怀孕黄体在分娩后应该消失而不消失。

1. 症状及诊断

该病的特征是长期不发情。经数次直肠检查，发现卵巢的同一部位有大黄体存在，可以是一侧卵巢也可是两侧卵巢。子宫多松软下垂，收缩反应减弱。

2. 治疗

消除病因，改善饲养管理外，可用如下方法进行治疗。

（1）激素治疗　前列腺素及其类似物是治疗持久黄体的特效药。肌肉注射前列腺素 5～10 mg 或肌肉注射氯前列烯醇 4 mL。还可用促性腺激素，如孕马血清、绒毛膜促性腺激素、雌激素、催产素等。

（2）手术疗法　采用直检的方法，挤破卵巢上的黄体。

（3）电针治疗　电针治疗可迅速使孕酮水平下降到最低值，同时又能使雌二醇水平达到最高值，而引起发情。

（4）针对原发病进行治疗。

五、黄体囊肿

黄体囊肿是由于未排卵的卵泡壁上皮黄体化而引起，也叫黄体化囊肿（提前黄体化）。可发生在未排卵的卵泡，也可发生于卵泡囊肿。一般单个存在于单侧卵巢之上。

1. 症状及诊断

黄体囊肿的主要症状是不发情。直肠检查，可发现囊肿多为一个，大小卵泡囊肿相似，但壁较厚较软。依据临床表现和直肠检查可做出诊断。

2. 治疗

（1）激素治疗　前列腺素及其类似物是治疗本病最理想的药物，治愈率和怀孕率可达 90% 以上，其用量同于治疗持久黄体。还可用促黄体素释放激素类似物或绒毛膜促性腺激素进行治疗。也可用催产素进行治疗（肌肉注射 400 单位，分 4 次给予，每隔 2 h 1 次）。

（2）手术治疗　即通过直肠挤破或刺破黄体囊肿。

六、排卵延迟及不排卵

排卵延迟是指排卵向后推移；不排卵是指发情时有发情的外表症状但不排卵。

1. 症状及诊断

排卵延迟时，卵泡的发育和外表发情症状都和正常发情一样，但发情持续时间延长，牛一般延长 3～5 d，直肠检查时卵巢上有卵泡，最后有的可能排卵，有的则会发生卵泡闭锁。在诊断排卵延迟时要注意和卵泡囊肿相区别。

不排卵时，有发情的外表症状，发情过程及周期基本正常，直肠检查时卵巢上有卵泡，但不排卵，屡配不孕。

2. 治疗

对排卵延迟及不排卵的患牛，除改善饲养管理条件外，还可应用激素进行治疗。

当牛出现发情症状时，立即注射促黄体素 200～300 单位或黄体酮 50～100 mg，可起到促进排卵的作用。

对于确知由于排卵延迟或不排卵而屡配不孕的母牛，在发情早期，可注射雌激素（已烯雌酚 20～25 mg），晚期注射黄体酮，也可起到较好的治疗效果。

七、子宫内膜炎

不孕症是奶牛"四大疾病"之一，子宫内膜炎是引起奶牛不孕的一个重要原因，也是奶牛的常发病和多发病。

1. 临床症状

（1）从产道流出多量黏液性或脓性分泌物。

（2）发情周期正常或不正常，屡配不孕。

（3）急性化脓性子宫内膜炎有全身症状。

2. 奶牛子宫内膜炎的预防措施

（1）分娩过程是引起子宫感染的一个主要环节，助产过程中要严格消毒（产房必须创造相应的条件），助产过程中要小心谨慎，防止子宫及产道损伤。

（2）产后要保证外阴部、产间及产后后躯的清洁卫生。

（3）加强饲养管理和饲料配合，保证机体各器官机能健康，减少胎衣不下和产后疾病（酮病/产后瘫痪），促进子宫复旧过程。

（4）输精过程的卫生消毒工作，降低人工授精过程中的人工感染。

（5）对胎衣不下的牛，要及时剥离胎衣或向子宫中灌注药物，以预防子宫内膜炎的发生。

（6）产后子宫检查，出产房前通过直肠检查的方法对子宫状态检查一次，有必要的要进行清宫处理。

（7）配种前 2 h 宫注抗生素（主要针对隐性子宫内膜炎）。

（8）产后喂服益母膏等能促进子宫机能恢复的中药，促进子宫机能恢复。

（9）对流产母牛要注意隔离，确定病性，防止流产过程中子宫排出物对产房及产间的污染，防止布病、胎弧菌病等疾病的蔓延。

（10）经营管理好的奶牛场，奶牛的平均空怀天数应在 105 d 左右；一般水平的奶牛场平均空怀天数都在 120～140 d。对空怀天数超过 140 d 的母牛要进行会诊，找出空怀原因，对确实失去繁殖能力的母牛，要下决心尽早地予以淘汰。

3. 治疗措施

治疗奶牛子宫内膜炎应针对不同的类型选用不同的治疗方法，治疗奶牛子宫内膜炎的主要方法有如下几种：

（1）子宫冲洗　子宫冲洗术是一种传统的、常用的治疗子宫内膜炎的治疗方法。一般而言，对不同程度的化脓性子宫内膜炎多选用子宫冲洗术，所用的冲洗药物多为防腐消毒药，如 0.1%高锰酸钾、0.1%雷夫奴尔、0.05%来苏儿、0.1%新洁尔灭、0.1%稀碘液等。对症状较轻的化脓性子宫内膜炎和非化脓性子宫内膜炎多选用 1%～10%盐水、1%小苏打、生理盐水及抗生素水溶液进行子宫冲洗。

一般一次冲洗量为 200 mL 左右（一次注入量不宜过大），注入导出，反复冲洗，直到清洗液清量为止，可连续冲洗 2～3 d，等子宫干净后可子宫内灌注抗生素类药物，等下次发情时观察发情况。冲洗液的温度要保持在 40℃（38～42℃）。

对于隐性子宫内膜炎，可在发情配种前 2 h，用生理盐水 200～500 mL 冲洗子宫，随后注入青霉素 80 万～100 万单位、链霉素 100 万单位，然后配种可提高受胎率。

（2）子宫灌注　子宫灌注也是治疗奶牛子宫内膜炎的一种常用方法，子宫灌注时，药液也要加热到 40℃左右，目前常用于子宫灌注的药物有如下几大类：

①灌注抗生素：常用的有青霉素 100 万单位＋链霉素 100 万单位。土霉素 2 g＋金霉素 2 g，还有环丙沙星、呋喃西啉、呋喃唑酮、新霉素、先锋霉素、氯霉素、氨苄青霉素、磺胺类药物等。每日或隔日 1 次，直到子宫排出的分泌物清亮为止。

对于黏液性子宫内膜炎，在发情时间可向子宫中灌注 1%氯化钠溶液 200～300 mL，隔 4～6 h 时再输精配种。

②子宫灌注碘制剂：对各种类型的子宫内膜炎都有一定疗效，可用于细菌、病毒、滴虫等引起的子宫内膜炎疗效，碘离子可刺激子宫黏膜，促进子宫内炎性分泌物排出。络合碘和无机碘都可用于子宫内膜炎的临床治疗，络合碘的刺激作用较

小、作用时间较长,治疗作用优于稀碘液。稀碘液常用浓度为 0.1%,配制时还可向其中加入一定量的甘油,每次可灌注 20~50 mL,每日或隔日 1 次,连续用 2~3 次。如果用络合碘可每隔 7~10 d 灌注 1 次。

③子宫灌注鱼石脂:鱼石脂是从鱼骨化石中提取出来的有效成分,鱼石脂可温和地刺激子宫黏膜的神经末梢,改善血液循环,抑制细菌繁殖。向子宫中灌注 5%~10% 的鱼石脂对化脓性及脓性黏液性子宫内膜炎有较好的治疗作用。每次灌注 100 mL,每日或隔日 1 次,连用 1~3 次(要用纯鱼石脂,不要用加入凡士林的鱼石脂)。

④子宫灌注黄色素:对慢性脓性子宫内膜炎,可用 0.1% 的黄色素溶液进行治疗,每次灌注 50~200 mL,每日或隔日 1 次。

⑤子宫灌注醋酸洗必泰:洗必泰是一种防腐杀菌剂,对隐性和黏液性子宫内膜炎有较好的疗效,醋酸洗必泰有一定的刺激作用,用于奶牛子宫内膜炎治疗时要加缓和剂,以降低由刺激性所带来的负作用。临床上可利用妇科用的醋酸洗必泰治疗奶牛子宫内膜炎,取醋酸洗必泰栓 2~3 枚,用 10~15 mL 蒸馏水溶解,温热后注入子宫,隔日 1 次,连用 2~4 次。

⑥子宫灌注促上皮生长因子:最新的生产实验表明,在进行子宫灌注治疗时,向其中加入促上皮生长因子,可促子宫黏膜的再生修复,可进一步提高子宫内膜炎的治疗效果。

(3)激素疗法　目前,用来治疗奶牛子宫内膜炎的激素主要有己烯雌酚、氯前列烯醇和催产素。这类药物能使子宫颈口开张。加强子宫收缩机能,促进子宫腺体分泌,促进子宫内液体排出。最新的实验表明,血液中激素含量高低和子宫的免疫能力有直接的关系。通过注射上述激素还可提高子宫的免疫能力。

①氯前列烯醇可宫注也可肌肉注射,宫注一次 2~3 mL,肌肉注射 4~8 mL,可连续注射 2~3 次,间隔 1~2 d。同时还可配合肌肉注射催产素 10 mL。

②己烯雌酚 15~25 mL,一次肌肉注射,促进子宫腺体分泌,促进子宫内分泌物排出。也可宫注,连续用 2~3 次,每次间隔 1~2 d。

③催产素在治疗子宫内膜炎时可连续用 3~4 d。

八、流产

流产是由于胎儿或母体的生理过程发生紊乱,或它们之间的正常关系遭到破坏,导致妊娠中断,胎儿被母体吸收或排出体外的一个病理现象。流产是哺乳动物妊娠期间的一种常见疾病,流产不仅会导致胎儿死亡或发育受到影响,而且还会影响到母体的生产性能和繁殖性能。因此,我们必须重视流产的防治。

1. 临床症状

一般而言,怀孕动物发生流产时会表现出不同程度的腹痛不安、弓腰、做排尿动作,从阴道中流出多量黏液或污秽不洁的分泌物或血液。另外,流产症状与流产发生的时期、原因及母体的耐受性有很大关系,流产的类型不同,其临床表现也有区别。

(1)隐性流产 胚胎在子宫内被吸收称为隐性流产。隐性流产发生于妊娠初期的胚胎发育阶段,胚胎死亡后,胚胎组织被子宫内的酶分解、液化而被母体吸收。或在下次发情时以黏液的形式被排出体外。隐性流产无明显的临床症状,其典型的表现就是配种后诊断为怀孕,但过一段时间后却再次发情,并从阴门中流出较多数量的分泌物。

(2)早产 有和正常分娩类似的预兆和过程,排出不足月的活胎儿。称为早产。早产时的产前预兆不像正常分娩预兆那样明显,多在流产发生前2~3 d,出现乳房突然胀大,阴唇轻度肿胀,乳房内可挤出清亮液体等类分娩预兆。早产胎儿若有吮吸反射时,进行人工哺养,可以养活。

(3)小产 提前产出死亡未变化的胎儿就是小产,这是最常见的一种流产类型。妊娠前半期的小产,流产前常无预兆或预兆轻微;妊娠后半期的小产,其流产预兆和早产相同。小产时如果胎儿排出顺利,预后良好,一般对母体繁殖性能影响不大。如果子宫颈口开张不好,胎儿不能顺利排出时应该及时助产,否则可导致胎儿腐败,引起子宫内膜炎或继发败血症而表现全身症状。

(4)延期流产 也叫死胎停滞,胎儿死亡后由于卵巢上的黄体功能仍然正常,子宫收缩轻微,子宫颈口不开,胎儿死亡后长期停留于子宫中,这种流产称为延期流产。

延期流产可表现为两种形式,一种是胎儿干尸化;另一种是胎儿浸溶。

胎儿死亡后,胎儿组织中的水分及胎水被母体吸收,胎儿体积变小,变为棕黑色样的干尸,这就是胎儿干尸化。干尸化胎儿可在子宫中停留相当长的时间。母牛一般是在妊娠期满后数周,黄体作用消失后,才将胎儿排出。排出的胎儿也可发生于妊娠期满以前,个别干尸化胎儿则长久停留于子宫内而不被排出。

胎儿死亡后胎儿的软组织被分解、液化,形成暗褐色黏稠的液体,骷髅漂浮于其中,这就是胎儿浸溶,胎儿浸溶现象比干尸化要少。

2. 诊断要点

流产诊断主要依靠临床症状、直肠检查及产道检查来进行,不到预产日期,怀孕动物出现腹痛不安、弓腰、努责,从阴道中排出多量分泌物或血液或污秽恶臭的液体,这是一般性流产的主要临床诊断依据。配种后诊断为怀孕,但过一段时间后却再次发情,这是隐性流产的主要临床诊断依据。

对延期流产可借助直肠检查或产道检查的方法进行确诊。

3. 治疗

当奶牛出现流产症状,经检查发现子宫颈口尚未开张,胎儿仍活着时,应该以安胎、保胎为原则进行治疗。

(1)肌肉注射盐酸氯丙嗪,1～2 mg/kg 体重。

(2)肌肉注射 1% 硫酸阿托品 1～3 mL。

(3)注射黄体酮 50～100 mg。

当动物出现流产症状时,子宫颈口已开张,胎囊或胎儿已进入产道,流产已无法避免时,应该以尽快促进胎儿排出为治疗原则。及时进行助产,也可肌肉注射催产素以促进胎儿排出。或肌肉注射前列腺素类药物以促进子宫颈口进一步开张。

当发生延期流产时,如果仍然未启动分娩机制,则要进行人工引产,肌肉注射氯前列烯醇 0.4～0.8 mg。也可用地塞米松、三合激素等药物进行单独或配合引产。

4. 预防

科学的饲养管理是预防流产的基本措施,对于群发性流产要及时进行实验室确诊,预防传染性流产是畜牧生产中的一个重要工作。

九、阴道脱

由于阴道组织松弛,阴道部分或全部突出于阴门外就称为阴道脱。这是一个比较常见的奶牛产科疾病,主要发生于妊娠后期,病程较长,一般不会危及生命安全。

1. 症状及诊断

多发生于妊娠后期,患病牛的阴门外脱出一粉红色球状物,脱出时较长时脱出物色泽变暗;大小从拳头大到排球大,轻时多在卧下时脱出,站立时缩回,严重的则站立时也不能缩回;如脱出部分呈现半圆形则为单侧阴道壁脱出,如脱出物为 2 个半圆形则为双侧阴道壁脱出,如阴道全部脱出时,可看见宫颈外口。脱出时间长时,脱出物表面会粘上污物,继发溃疡及坏死。有此牛会发展成为习惯性阴道脱,每次到妊娠后期时都发生阴道脱出。

2. 治疗

(1)对于较轻的病例。每天注意后躯卫生,用消毒液或温水清洗阴门部或脱出的阴道,或在脱出的阴道上涂抹油剂抗生素,等分娩后即可缩回。

(2)对于严重的病例要进行整复固定治疗。充分保定好患病牛,认真用消毒液清洗阴门部及脱出物,用2%～5%的盐酸普鲁卡因10～20 mL进行后海穴麻醉,将脱出物轻轻送回,对阴门做垂直纽扣缝合,但不要影响患牛排尿。

3. 预防

改善饲养管理,保持环境卫生、牛体卫生。注意微量元素及维生素的饲喂。对阴道炎症及时治疗,助产时不要损伤阴道,腹压过大时让牛多站少卧。

十、奶牛产后的繁殖健康检查

对产后奶牛的繁殖健康进行检查,是防治奶牛不孕的一个重要措施。有条件者应该对奶牛定期进行繁殖健康检查。

1. 产后7～14 d

经产母牛的全部生殖器官,可能仍在腹腔内妊娠时原有的位置。至产后14 d,大多数经产牛的两个子宫角已大为缩小,初产牛的子宫角已退回骨盆腔内,复旧正常的子宫质地较硬,可以摸到角间沟。触诊子宫可引起收缩反应,从子宫中排出的液体颜色及数量已接近正常。如果子宫壁厚,子宫腔内积有大量的液体或排出的恶露颜色及性状异常,特别是带有臭味者,则是子宫感染的表现,要及时进行治疗。对发生过难产、胎衣不下及患过产后疾病的牛更要详细检查。

产后14 d以前检查时,往往可以发现退化的妊娠黄体,这种黄体小而坚实,且略突出于卵巢表面。在正常分娩的牛卵巢上常可发现有1～3个直径为1～2.5 cm的卵泡,因为正常母牛到产后15 d时虽然大多数不表现发情症状,但已发生产后第一次排卵。如果这时发现卵巢体积较小,卵巢上无卵泡生长,则表明卵巢静止,这种现象不是由疾病引起就是由营养不良引起。

2. 产后20～40 d

在此期间应进行配种前的检查,确定生殖器官有无感染及卵巢、黄体的发育情况。产后30 d,大多数经产母牛的生殖器官已全部回到骨盆腔内。在正常情况下,子宫颈已变坚实,粗细均匀,直径在3.5～4 cm。如子宫颈外口开张,从中排出异常分泌物则为炎症的表现,要进行进一步确诊治疗。

产后30 d,母牛子宫角的直径在各个体间均有很大的差别,但各种年龄、个体的母牛在直检时,在正常情况下都感觉不出子宫角腔体,如摸到子宫角腔体是子宫复旧不全的表现,还可能存在有子宫内膜炎,触诊按摩子宫后还可做阴道检查。

产后30 d时,许多母牛的卵巢上都有数目不等在正发育的卵泡和退化黄体,这些黄体是产后发情排卵形成的,在产后的早期,母牛安静发情是极为常见的,因此,在产后这一时间内未见到发情,只要卵巢上有卵泡和黄体,就证明卵巢的机能活动正常。

3. 产后 45～60 d

对产后未见到发情或发情周期不规律者,应当再次进行检查:

(1)卵巢体积缩小,其上无卵泡也无黄体。这种情况多由全身虚弱、营养不良、产奶过多所致。这样的母牛消除病因,调养几周后可出现发情,不需特殊治疗。

(2)卵巢质地、大小正常、其上存在有功能性黄体,而且子宫无任何异常,表明卵巢活动机能正常,很可能为安静发情或发情正常而被遗漏。对这种母牛要根据卵巢上黄体的发育程度估计当时所处的发表周期,预计下次发情可能出现的时间,并做好下一情期的观察。还可在发情周期的 6～16 d 时,注射氯前列烯醇,并在随后发情时进行配种。

(3)对产后 60 d 以后出现的卵巢囊肿要进行及时治疗。

对子宫积脓引起的黄体滞留,可先注射氯前列烯醇,等发情及排出积液后再用抗生素进行治疗。

4. 分娩 60 d 以后

对配种 3 次以上仍不受孕,发情周期和生殖器官又无异常的母牛,要在输精或发情的第 2 天进行认真细致检查。注意区别是不能受精还是受精后发生了早期胚胎死亡,力求能区别具体情况。

对大批的屡配不孕,不可忽视精液的质量检查及对配种技术的检查反省。

5. 输精后 30～45 d

在这一阶段,要做例行的妊娠检查,以便查出未孕母牛,减少空怀损失。对有流产史的母牛应多检查几次。在妊娠的中、后期也要注意观察或检查。

十一、子宫复旧不全

母牛分娩后因子宫迟缓,子宫不能在正常时间内恢复到未孕时的状态就叫子宫复旧不全或子宫迟缓。子宫正常恢复时间一般为 40 d。本病多发生于体弱、老龄、胎儿过大、难产、胎衣不下及子宫有炎症的牛。

1. 症状及诊断

子宫复旧不全的牛常无全身异常表现。产道检查时会发现子宫颈口闭锁不全、松弛,有暗褐色恶露潴留。直肠检查时,子宫肥大,无收缩力,子宫内有液体。本病可继发子宫内膜炎。

2. 治疗

加强子宫收缩,促进恶露排出,是治疗本病的指导原则。

(1)肌肉注射催产素 100 单位,每日 2 次。

(2)用 5% 的盐水或 2% 碳酸氢钠温热后冲洗子宫,冲洗完后向子宫灌注一定量的抗生素(金霉素 4 g)。

还可喂益母草膏、当归浸膏,肌肉注射维生素 A、维生素 D。另外,还要注意原发病的治疗,防止酮病、产后瘫痪及胎衣不下等产后疾病发生。

十二、子宫脱

1. 症状

母牛分娩后三四小时内,子宫角可翻入子宫腔内,这时如果牛强力努责、腹压过高,部分子宫或者全部子宫可翻出于阴门外。脱出的子宫黏膜外现,大量母体胎盘上吻合着胎儿胎盘及胎膜,开始呈粉红色,时间稍长则变为暗紫色,胎盘常因挤压和摩擦而出血。

2. 治疗

保持患病母牛安静,防止脱出的子宫损伤在子宫脱的治疗护理上有着重要意义。

(1)将母牛后躯、尾根、阴门、肛门部及脱出的子宫用消毒液认真清洗、消毒、处理。

(2)将脱出部分用消毒纱布(或塑料布)一边一人兜起,母牛取前低后高站势,若卧地可以将后躯垫高或抬起。为了抑制强烈努责便于整复操作,须在荐尾间隙作硬膜外腔麻醉(一般注射 2%普鲁卡因 10~20 mL)或肌肉注射静松灵 4~5 mL。

(3)先从靠近阴门处开始向阴道内推送子宫,当送入一半以后,术者将手伸入子宫角用力向前下方压送,直至全部送入,送入后术者伸入全臂将宫角全部推展回原位。

压送时为防止损伤子宫,手要取斗握拳式,用力要适度,禁止在忙乱中损伤子宫。

(4)向子宫中送入抗生素,还可注射缩宫素(50~100 单位)。

(5)为防止子宫再脱出,可在阴门外做纽扣缝合固定。

十三、胎衣不下

牛分娩后经 12 h 胎衣尚未排出,叫胎衣不下。胎衣不下可是部分不下也可是全部不下。

1. 症状

产后未见牛在规定的时间内排出整个胎衣,恶露排出时间延长,内含腐败的胎衣碎片,弓背,频频努责。腐败产物被吸收后可出现全身中毒现象,体温升高,食欲不振,胃肠机能减退,反刍减少。还能继发子宫内膜炎。

2. 治疗

(1)药物治疗

①促进子宫收缩:肌肉或皮下注射催产素50～100单位,2 h后重复注射1次。也可注射麦角素1～2 mg,还可灌服羊水。

②促进母体胎盘和胎儿胎盘分离:向子宫内注入5%～10%的盐水2～3 L,可促进母体胎盘和胎儿胎盘的分离,高渗盐水还有促进子宫收缩的作用。

取碘5 g、碘化钾10 g,用1 000 mL蒸馏水混合溶解后,灌入子宫中也可起到相同的作用,一般用药25 h后排出胎衣。

③预防胎衣腐败及子宫感染,等待胎衣排出:可内投土霉素、四环素、氯霉素、痢特灵等抗生素粉剂1～4 g,也可用生理盐水500 mL稀释成混悬液灌注,隔日1次。还可宫内灌注"宫康Ⅱ号"。

④中药治疗:治疗胎衣不下还可用补气温中、活血祛瘀的方剂进行治疗。如催衣散、龟参汤等。

(2)手术剥离 对容易剥离的坚持剥离,不易剥离的不可强行剥离,以免损伤子宫、引起感染;剥离胎衣应该尽量剥离干净。体温升高时说明子宫已有炎症,不可进行剥离,以防炎症扩散,而加重子宫感染。

①术前将牛尾系到颈部,清洗后躯、外阴部及外露的胎膜,术者的手臂也要清洗消毒,然后向子宫内灌入1 000～1 500 mL的5%～10%盐水,以便剥离及防止感染。

②一手向前拉胎衣,一手进行剥离,由近及远螺旋式剥离,剥离完后要检查剥出的胎衣是否完全。

③剥离完毕后,最后注入金霉素粉1～2 g,土霉素粉2～3 g,水500 mL的混悬液,以后隔1～2 d送药1次,直到流出的液体基本清亮为止。

手术剥离后的数天内,要注意观察病畜有无子宫炎及全身情况。一旦发现变化,要及时全身应用抗生素进行治疗。

十四、乳房浮肿

乳房浮肿也叫乳房水肿,属于乳房的一种浆液性水肿,其特征是乳腺间质中出现过量的液体蓄积。本病多发生于初产奶牛及高产奶牛,可影响产奶量,重者强永久性损伤乳房悬韧带,导致乳房下垂。本病的临床特征是乳房肿大、无痛、无热,按压有凹陷。

1. 症状

其浮肿一般表现为整个乳房肿胀,严重者可波及胸下、腹下、会阴等部位。乳房肿大,皮肤发红而光亮、无热、无痛、指压留痕。乳量减少,乳汁无肉眼可见变化。精神、食欲正常,全身反应极轻。

2. 防治

大部分病例产后可逐渐消肿。每天 3 次坚持按摩乳房,减少精料,适量限制饮水,加强运动,可促进乳房消肿。

(1)每日肌肉注射速尿(呋喃苯胺酸)500 mg 或静脉注射 250 mg,连续 3 d。

(2)口服氢氯噻嗪,每日 2 次,每次 2.5 g,1～2 d。

(3)每日口服氯地孕酮 1 g 或肌肉注射 40～300 mg,连续用 3 d。

技能训练

奶牛繁殖疾病的治疗

(1)训练准备

(2)操作过程

工作环节	操作规程	操作要求
不孕症的防治	①准确掌握发情关 ②把好适时配种关 ③把好分娩护理关 ④把好饲养管理关	准确掌握防治不孕症的措施
卵巢机能不全的治疗	①激素治疗 a. 促卵泡素:肌肉注射 100～200 单位,每日或隔日 1 次,共用 2～3 次。还可配合促黄体素进行治疗 b. 绒毛膜促性腺激素:肌肉注射 1 000～3 000 单位,必要时可间隔 1～2 d重复注射 1 次 c. 孕马血清:肌肉注射 1 000～2 000 单位,1～2 次 d. 雌激素:这类药物对中枢神经及生殖系统有直接兴奋作用,用药后可引起母畜表现明显的外部发情症状,但对卵巢无刺激作用,不引起卵泡发育和排卵。但此类药物可以使动物生殖系统摆脱生物学上的相对静止状态,促进正常发情周期的恢复。因此,用此类药后的头一次发情不排卵(不必配种),而在以后的发情周期中可正常排卵 常用的雌激素类药物及用量为: 雌二醇,肌肉注射 4～10 mg	会用各种方法治疗

续表

工作环节	操作规程	操作要求
卵巢机能不全的治疗	己烯雌酚,肌肉注射 20～25 mg 此类药物不宜大剂量连续用药,否则易引起卵泡囊肿 ②维生素 A 治疗　维生素 A 对于缺乏青绿饲料引起的卵巢机能减退有较好的疗效,一般每次肌肉注射 100 万单位,每 10 d 1 次,注射 3 次后的 10 d 内卵巢上会出现卵泡发育,且可成熟受胎。还可配合维生素 E 进行治疗	会用各种方法治疗
卵巢囊肿治疗	①激素治疗 a. 人绒毛膜促性腺激素(HCG)治疗法:1 500～5 000 单位 HCG 溶于 5％的葡萄糖溶液中静脉注射 b. 促性腺素释放激素(GnRH)治疗法:肌肉注射 GnRH 25～100 μg 能诱发患囊肿的母牛释放黄体素,囊肿大多黄体化;而大剂量使用 GnRH (0.5～1.5 mg)则可促使排卵 c. 皮质类固醇法:肌肉注射 10～40 mg 氢化可的松或 10～20 mg 地塞米松,对于使用促性腺激素无效的牛治疗效果较好 d. 孕酮法:一次注射孕酮 750～1 500 mg,或 200～500 mg/d,每日或隔日 1 次,连用 2～7 次。其效果略低于 GnRH 或 HCG,若静脉注射 HCG 300 单位后,再肌肉注射孕酮 125 mg,对囊肿的治愈率可达 60％～80％ e. 前列腺激素治疗法:对于黄体囊肿,可采用肌肉注射氯前列烯醇 0.4～0.8 mg 进行治疗,2～3 d 可消囊肿并出现发情 ②中药治疗 消囊散:炙乳香 40 g,炙没药 40 g,香附 80 g,三棱 45 g,黄柏 60 g,知母 60 g,当归 60 g,川芎 30 g,鸡血藤 45 g,益母草 90 g,研末冲服,每日 1 剂,连用 3～6 剂 ③人工摘除法　在没有其他治疗方法的情况下可考虑采取人工摘除。此法治愈率低,易造成卵巢发炎和粘连,使受胎率降低,甚至引起不孕。产后早期使用此法效果较好	会用各种方法治疗
持久黄体的治疗	①激素治疗　前列腺素及其类似物是治疗持久黄体的特效药。肌肉注射前列腺素 5～10 mg 或肌肉注射氯前列烯醇 4 mL 还可用促性腺激素,如孕马血清、绒毛膜促性腺激素、雌激素、催产素等 ②手术疗法　采用直检的方法,挤破卵巢上的黄体 ③电针治疗　电针治疗可迅速使孕酮水平下降到最低值,同时又能使雌二醇水平达到最高值,而引起发情	会用各种方法治疗

续表

工作环节	操作规程	操作要求
黄体囊肿的治疗	①激素治疗 前列腺素及其类似物是治疗本病最理想的药物,治愈率和怀孕率可达90％以上,其用量同于治疗持久黄体。还可用促黄体素释放激素类似物或绒毛膜促性腺激素进行治疗。也可用催产素进行治疗(肌肉注射400单位,分4次给予,每隔2h1次) ②手术治疗 即通过直肠挤破或刺破黄体囊肿	会用各种方法治疗
排卵延迟及不排卵的治疗	对排卵延迟及不排卵的患牛,除改善饲养管理条件外,可应用激素进行治疗 ①当牛出现发情症状时,立即注射促黄体素200～300单位或黄体酮50～100 mg,可起到促进排卵的作用 ②对于确知由于排卵延迟或不排卵而屡配不孕的母牛,在发情早期,可注射雌激素(己烯雌酚20～25 mg),晚期注射黄体酮,也可起到较好的治疗效果	会用各种方法治疗
子宫内膜炎的治疗	①子宫冲洗 a. 防腐消毒药,如0.1％高锰酸钾、0.1％雷夫奴尔、0.05％来苏儿、0.1％新洁尔灭、0.1％稀碘液等。对症状较轻的化脓性子宫内膜炎和非化脓性子宫内膜炎多选用1％～10％ NaCl溶液、1％小苏打、生理盐水及抗生素水溶液进行子宫冲洗 b. 剂量,一般一次冲洗量为200 mL左右(一次注入量不宜过大),注入导出,反复冲洗,直到清洗液清量为止,可连续冲洗2～3 d,等子宫干净后可子宫内灌注抗生素类药物,等下次发情时观察发情情况。冲洗液的温度要保持在40℃(38～42℃) c. 对于隐性子宫内膜炎,可在发情配种前2 h,用生理盐水200～500 mL冲洗子宫,随后注入青霉素80万～100万单位、链霉素100万单位,然后配种可提高受胎率 ②子宫灌注 子宫灌注也是治疗奶牛子宫内膜炎的一种常用方法,子宫灌注时,药液也要加热到40℃左右,目前常用于子宫灌注的药物有如下几大类: a. 灌注抗生素。常用的有青霉素100万单位＋链霉素100万单位。土霉素2 g＋金霉素2 g,还有环丙沙星、呋喃西啉、呋喃唑酮、新霉素、先锋霉素、氯霉素、氨苄青霉素、磺胺类药物等。每日或隔日1次,直到子宫排出的分泌物清亮为止	会用各种方法治疗

续表

工作环节	操作规程	操作要求
子宫内膜炎的治疗	对于黏液性子宫内膜炎,在发情时间可向子宫中灌注 1‰ NaCl 溶液 200～300 mL,隔 4～6 h 再输精配种 b. 子宫灌注碘制剂。稀碘液常用浓度为 0.1%,配制时还可向其中加入一定量的甘油,每次可灌注 20～50 mL,每日或隔日 1 次,连续用 2～3 次。如果用络合碘可每隔 7～10 d 宫注 1 次 c. 子宫灌注鱼石脂。向子宫中灌注 5%～10% 的鱼石脂对化脓性及脓性黏液性子宫内膜炎有较好的治疗作用。每次灌注 100 mL,每日或隔日 1 次,连用 1～3 次(要用纯鱼石脂,不要用加入凡士林的鱼石脂) d. 子宫灌注黄色素。对慢性脓性子宫内膜炎,可用 0.1% 黄色素溶液进行治疗,每次灌注 50～200 mL,每日或隔日 1 次 e. 子宫灌注醋酸洗必泰。取醋酸洗必泰栓 2～3 枚,用 10～15 mL 蒸馏水溶解,温热后注入子宫,隔日 1 次,连用 2～4 次 f. 子宫灌注促上皮生长因子。最新的生产实验表明,在进行子宫灌注治疗时,向其中加入促上皮生长因子,可促子宫黏膜的再生修复,可进一步提高子宫内膜炎的治疗效果 ③激素疗法 a. 氯前列烯醇可宫内注射也可肌肉注射,宫内注射一次 2～3 mL,肌肉注射 4～8 mL,可连续注射 2～3 次,间隔 1～2 d。同时还可配合肌肉注射催产素 10 mL b. 己烯雌酚 15～25 mL,一次肌肉注射,促进子宫腺体分泌,促进子宫内分泌物排出。也可宫内注射,连续用 2～3 次,每次间隔 1～2 d c. 催产素在治疗子宫内膜炎时可连续用 3～4 d	会用各种方法治疗
流产的治疗	①肌肉注射盐酸氯丙嗪,1～2 mL/kg 体重 ②肌肉注射 1% 硫酸阿托品 1～3 mg ③当动物出现流产症状时,子宫颈口已开张,胎囊或胎儿已进入产道,流产已无法避免时,应该以尽快促胎儿排出为治疗原则。及时进行助产,也可肌肉注射催产素以促进胎儿排出。或肌肉前列腺素类药物以促进子宫颈口进一步开张 ④当发生延期流产时,如果仍然未启动分娩机制,则要进行人工引产,肌肉注射氯前列烯醇 0.4～0.8 mg。也可用地塞米松、三合激素等药物进行单独或配合引产	会用各种方法治疗

续表

工作环节	操作规程	操作要求
阴道脱出的治疗	①对于较轻的病例,每天注意后躯卫生,用消毒液或温水清洗阴门部或脱出的阴道,或在脱出的阴道上涂抹油剂抗生素,等分娩后即可缩回 ②对于严重的病例,要进行整复固定治疗。充分保定好患病牛,认真用好消毒液清洗阴门部及脱出物,用2%～5%的盐酸普鲁卡因10～20 mL进行后海穴麻醉,将脱出物轻轻送回,对阴门做垂直纽扣缝合,但不要影响患牛排尿	会用各种方法治疗
子宫复旧不全的治疗	加强子宫收缩,促进恶露排出,是治疗本病的指导原则 ①肌肉注射催产素100单位,每日2次 ②用5%的盐水或2%碳酸氢钠温热后冲洗子宫,冲洗完后向子宫灌注一定量的抗生素(金霉素4 g) ③还可喂益母草膏、当归浸膏,肌肉注射维生素A、维生素D。另外,还要注意原发病的治疗,防止酮病、产后背对瘫痪及胎衣不下等产后疾病发生	会用各种方法治疗
子宫脱出的治疗	①将脱出部分用消毒纱布(或塑料布)一边一人兜起,母牛取前低后高站势,若卧地可以将后躯垫高或抬起。为了抑制强烈努责便于整复操作,须在荐尾间隙作硬膜外腔麻醉(一般注射2%普鲁卡因10～20 mL)或肌肉注射静松灵4～5 mL ②先从靠近阴门处开始向阴道内推送子宫,当送入一半以后,术者将手伸入子宫角用力向前下方压送,直至全部送入,送入后术者伸入全臂将宫角全部推展回原位 ③压送时为防止损伤子宫,手要取斗握拳式,用力要适度,禁止在忙乱中损伤子宫 ④向子宫中送入抗生素,还可注射缩宫素(50～100单位) ⑤为防止子宫再脱出,可在阴门外做纽扣缝合固定	会用各种方法治疗
胎衣不下的治疗	①药物治疗 a.促进子宫收缩。肌肉或皮下注射催产素50～100单位,2 h后重复注射1次;也可注射麦角素1～2 mg;还可灌服羊水 b.促进母体胎盘和胎儿胎盘分离。向子宫内注入5%～10%盐水2～3 L,可促进母体胎盘和胎儿胎盘的分离,高渗盐水还有促进子宫收缩的作用	会用各种方法治疗

续表

工作 环节	操作规程	操作 要求
胎衣不下 的治疗	c. 取碘 5 g、碘化钾 10 g,用 1 000 mL 蒸馏水混合溶解后,灌入子宫中也可起到相同的作用,一般用药后 25 h 排出胎衣 d. 预防胎衣腐败及子宫感染,等待胎衣排出。可内投土霉素、四环素、氯霉素、痢特灵等抗生素粉剂 1～4 g,也可用生理盐水500 mL 稀释成混悬液灌注,隔日 1 次。还可宫内灌注"宫康Ⅱ号" ②中药治疗　治疗胎衣不下还可用补气温中、活血化瘀的方剂进行治疗。如催衣散、龟参汤等 ③手术剥离 a. 术前将牛尾系到颈部,清洗后躯、外阴部及外露的胎膜,术者的手臂也要清洗消毒,然后向子宫内灌入 1 000～1 500 mL 的 5%～10%盐水,以便剥离及防止感染 b. 一手牵拉胎衣,一手进行剥离,由近及远螺旋式剥离,剥离完后要检查剥出的胎衣是否完全 c. 剥离完毕后,最后注入含金霉毒粉 1～2 g、土霉素粉 2～3 g、水 500 mL 的混悬液,以后隔 1～2 d 送药 1 次,直到流出的液体基本清亮为止 d. 手术剥离后的数天内,要注意观察病畜有无子宫炎及全身情况。一旦发现变化,要及时全身应用抗生素进行治疗	会用各种方法治疗
乳房浮肿治疗	①每日肌肉注射速尿(呋喃苯胺酸)500 mg 或静脉注射 250 mg,连续 3 d ②口服氢氯噻嗪,每日 2 次,每次 2.5 g,1～2 d ③每日口服氯地孕酮 1 g 或肌肉注射 40～300 mg,连续用 3 d	会用各种方法治疗

(3)作业　记录你的操作过程。

项目二 猪的繁殖技术

【项目目标】

1. 清楚母猪的初情期、性成熟、初配适龄及发情周期。

2. 掌握母猪的发情特点,并能进行发情鉴定,确定最佳配种时机。

3. 熟练运用手握法对公猪进行采精。

4 能判断精液的品质等级,正确进行精液稀释。

5. 会采用常温法保存精液。

6. 能熟练进行输精。

7. 能通过外部观察法、B超诊断法对母猪进行妊娠诊断。

8. 能对正常分娩的母猪接产,能对难产母猪进行人工助产。

9. 能对猪场正常繁殖力指标进行统计。

10. 能治疗母猪常见的繁殖疾病。

任务一 猪发情鉴定与控制

【知识目标】

1. 熟悉母猪的初情期、性成熟、初配年龄。

2. 掌握母猪的发情、发情周期、发情持续期及排卵时间。

3. 掌握母猪的发情鉴定技术。

【能力目标】

会鉴定发情母猪,准确判断输精时间。

【基础知识】

一、母猪的性发育阶段

(一)初情期

1. 概念

初情期是指正常的青年母猪达到第一次发情排卵时的月龄。初情期是生殖器官首次变得有功能的时期,青年母猪的初情期可通过第一次发情期的出现来识别。

2. 母猪初情期的年龄

母猪的初情期一般为 5~8 月龄,平均为 7 月龄,但我国的一些地方品种可以早到 3 月龄。

(二)性成熟

1. 概念

性成熟指母猪生殖器官发育基本完善,发情与排卵正常,具备繁殖能力的年龄。但此时,母猪全身各组织器官的发育还未成熟,不宜配种。此期,仔畜体重约达成年体重的 50%。

2. 母猪的性成熟年龄

正常情况下母牛性成熟的年龄是 5~8 月龄。

(三)初配年龄

1. 概念

初配年龄母猪第一次适于配种的年龄。适宜的初配年龄应根据身体的发育状况而定,过早配种不但影响母畜自身发育,而且会造成后代发育不良或难产;过迟配种则不能充分发挥母畜的作用,减少经济收益,而且母畜宜于肥胖,降低生殖功能。通常仔畜体重达到成年体重的 70% 时,即可用于初配。

2. 母猪初配的年龄

引入品种后备母猪 7~8 月龄,体重 110~130 kg ,后备母猪第 2 次或第 3 次发情即可进行配种。我国地方猪种后备母猪 6~7 月龄,体重 60~90 kg,总的原则是后备母猪第 2 次或第 3 次稳定的发情中周期即可进行配种。

(四)繁殖年限

即母畜终止繁殖的年限,母猪一般为 6~8 岁。

二、母猪的发情

(一)发情

发情指母畜达到性成熟后,在繁殖季节所发生的周期性性活动和性行为现象。其主要表现是:

(1)卵巢　卵泡发育并有成熟卵子排出。

(2)生殖道　黏膜充血,子宫颈和阴唇肿胀并排出黏液。

(3)行为　精神不安,食欲减退,鸣叫跑栏,频频排尿,相互爬跨,寻求交配等。

(二)发情周期

青年母猪初情期后未配种则会表现出特有的性周期活动,这种特有的性周期活动为发情周期。一般把第一次排卵至下一次排卵的间隔时间称为发情周期。母猪的一个正常发情周期为 18~23 d,平均为 21 d,但有些特殊品种又有差异,如我国的小香猪一个发情周期仅为 19 d。猪是一年内多周期发情的动物,全年均可发情配种,这是家猪长期人工驯养的结果,而野猪则仍然保持着明显的季节性繁殖的特征。发情周期是由来自卵巢的激素(雌激素和孕酮)直接控制以及由来自垂体前叶的激素(促卵泡素、促黄体素和催乳素)间接控制。

1. 发情周期的 4 个阶段

发情周期为 4 个非常明显的阶段,包括前情期(发情前期)、发情期(发情持续期)、后情期(发情后期)和休情期。

(1)前情期　在来自垂体前叶的促卵泡素和一些促黄体素的刺激下,卵泡开始在卵巢中生长。卵泡生长又导致较高产量的雌激素。这些雌激素被通过卵巢的血液吸收。雌激素促进管状生殖道的血液供应,造成从阴门到输卵管的水肿(肿胀),水肿过程在整个管道尤其在子宫中加快。阴门肿胀到一定程度,前庭变得充血(阴门变红),子宫颈和阴道的腺体分泌一种水样的薄的阴道分泌物。前情期持续大约 2 d。在这个阶段,母猪通常变得越来越不安定,失去食欲和好斗。如果公猪在邻近的圈中,母猪通常要寻找公猪。

(2)发情期　前情期结束后,进入性要求的时期——发情期。这是雌激素对身体中枢神经系统起作用而引起心理表现的结果。母猪发情持续 40~70 h,排卵发生在这个时期的最后 1/3 时间。排卵过程持续大约 6 h。交配的母猪比未交配的母猪排卵大约要早 4 h。前情期母猪试图爬跨并嗅闻同圈伙伴,但它本身不能持久被爬跨。母猪尿和阴道分泌物中含有吸引和激发公猪的性外激素。

一旦公猪发现发情的母猪,就进行求偶活动,用鼻子拱和发出大量的声音交流

（吼、叫、呼噜）。公猪有节奏地频频排尿，并用鼻嗅闻母猪的尿和生殖器官。最后，母猪通过保持一种站定姿势（静立反应）来对公猪的爬跨做出反应。母猪做出频繁的发情吼叫，并竖起耳朵。在这个阶段，很难赶动母猪。

静立反应可用来检查母猪的发情。发情的母猪在公猪存在的情况下将允许一个人坐在它的背上。另外，阴门红肿给出即将发情的一般线索，尤其是青年母猪。当进行人工授精时，公猪出现在圈栏对面可增强静立反应。视觉、嗅觉、声音和与公猪接触将提高母猪的静立反应。为了确定最佳授精时间，以便能最成功地使母猪配上，识别静立发情的进程是重要的，尤其是对人工授精。

（3）后情期 后情期紧跟着静立发情之后。排卵通常发生在发情结束生后情期开始。一旦排卵，血块充满卵泡腔，黄体细胞开始快速生长。这是黄体细胞形成和发育的阶段。即使黄体没有完全形成，卵泡腔中的这些新细胞也已产生孕酮。FSH、LH 和雌激素返回到基础水平。管状生殖道的充血消失，来自管状生殖道的腺体分泌物变得有黏性，且数量有所降低。后情期大约持续 2 d。

还是在后情期，排出的卵被输卵管收起并被运送到子宫——输卵管接合部（UTJ）。受精发生在输卵管的上部，如果没有受精，卵子就开始退化。受精的和未受精的卵在排卵后 3～4 d 都进入子宫。

（4）休情期 母猪发情周期的一个最长的时期是休情，也是黄体发挥功能的时期。黄体发育成一个功能的器官，产生大量的孕酮（以及一些雌激素）进入身体的总循环并影响乳腺发育和子宫生长。子宫内层细胞生长，子宫内层的腺体细胞分泌一种薄的黏性物质滋养合子（受精卵）。如果合子到过子宫，黄体在整个妊娠期继续存在。如果卵子没有受精，黄体只保持功能大约 16 d，届时溶黄体素（一种前列腺素）造成黄体退化以准备新的发情周期。在第 17 天后，几个小时的 FSH 和 LH 释放高峰就引起卵泡生长和雌激素水平上升。休情期大约持续 14 d。

2. 发情表现

发情是母猪性成熟后周期性的性活动现象。卵巢上卵泡在发育过程中产生雌激素，随着雌激素水平升高，母猪的精神状态、行为举止和生殖器官发生变化，表现出性行为特征和性欲等性活动现象叫发情。母猪表现兴奋不安、鸣叫、减食或停食，喜接近公猪或接受公猪爬跨，爬跨同圈母猪，频频排尿，外阴部松弛、红肿，阴道充血、分泌黏液等症状。这些性活动现象从出现高潮到最后恢复正常，要持续一个过程，称为发情期或发情持续期。猪的发情期一般持续 3～5 d。

三、发情鉴定

(一)外部观察法

母猪发情时,精神极度不安,尖叫,食欲减退,在圈舍内往复跑动、跳圈、寻找公猪。阴唇充血肿胀、湿润,阴门中有黏液流出。发情盛期,爬跨其他猪,愿意接近公猪,公猪爬跨时表现为安静不动(图2-1)。

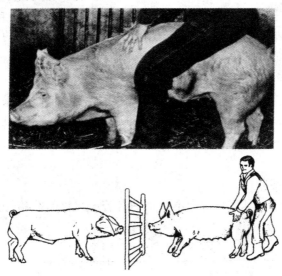

图 2-1 猪的发情鉴定(外部观察法)

(二)压背法

用手按压母猪背部时,表现站立不动,尾上翘,塌腰弓背。用手臂向前推动母猪时表现为不逃逸,并有向后的反作用力。另外,发情母猪嗅到公猪的尿液味或听到公猪的求偶声时,也表现呆立不动或做寻找状。

(三)试情法

母猪发情时对公猪的爬跨反应敏感,可用有经验的试情公猪进行试情。如将公猪放在圈栏之外,则发情母猪表现异常不安,甚至将两前肢抬起,踏在栏杆外,迫不及待地要接近公猪;当用公猪试情时,观察母猪是否接受公猪爬跨,此期是配种的重要时期,在发情期内,母猪愿意接受公猪爬跨的时间有 2.5 d(52～54 h)。

(四)电阻法

电阻法是根据母猪发情时生殖道分泌物增多,盐类和离子结晶物增加,从而提高了导电率即降低电阻值的原理,以总电阻值的高低来反映卵泡发育成熟程度,把阴道的最低电阻值作为判断适宜交配(输精)的依据。实践证明,母猪发情后 30 h 电阻值最低,在母猪发情后 30～42 h 交配(输精)受胎率最高,产仔数最多。大量生产实践表明,用电阻法测定发情母猪的适宜配种时间比经验观察法更为可靠。

(五)外激素法

此法是近年来发达国家养猪场用来进行母猪发情鉴定的一种新方法,就是采用人工合成的公猪性外激素,直接喷洒在被测母猪鼻子上,如果母猪出现呆立、压背反射等发情特征,则确定为发情。此法较简单,可避免驱赶试情公猪的麻烦,特别适用于规模化养猪场使用。此外还可采用向母猪播放公猪鸣叫的录音,来观察母猪对声音的反应等。目前,在工业化程度较高的国家已广泛采用计算机技术进行繁殖管理,对每天可能出现发情的母猪进行重点观察,这样可大大降低管理人员的劳动强度,同时也提高了发情鉴定的准确性。

技能训练

母猪的发情鉴定

(1)训练准备　母猪(发情和不发情的各若干)、试情公猪、万能表、外用生殖激素。

(2)操作规程

工作环节	操作规程	操作要求
外部观察法	询问母猪采食情况 观察母猪外阴部情况 观察母猪行为情况	准确判断母猪发情情况、发情阶段、输精时间。 一般在母猪发情后 19～20 h 输精
试情法	将一头性欲旺盛的公猪与母猪接触,根据母猪的行为表现判断母猪发情情况	准确判断母猪发情情况、发情阶段、输精时间。 母猪接受爬跨时是输精适期
压背法	用手压母猪后背,观察母猪的表现	准确判断母猪发情情况、发情阶段、输精时间。 母猪静立不动表示母猪已经发情,应立即输精,间隔 12～18 h 再输精一次
电阻法	应用万能表测量阴道黏液电阻值	会测电阻值,根据电阻值确定输精时间 电阻值最低时是输精适期

续表

工作环节	操作规程	操作要求
外激素法	向母猪鼻子上喷外激素，根据母猪表现判断发情情况	根据母猪表现判断发情、输精时间

（3）作业　记录操作过程。

任务二　猪的人工授精

【知识目标】

1. 熟悉精液的基本特性及精液的外观性状检查方法。

2. 熟悉精子活力的概念以及检查方法。

3. 掌握用血细胞计数法检查精子的密度。

4. 明确出精子形态检查的项目及意义。

5. 了解精液稀释的目的。

6. 熟悉稀释液的成分及其作用。

7. 掌握稀释液的配制方法及注意事项。

8. 能准确地确定精液稀释倍数。

9. 能正确、规范地进行精液稀释。

10. 明确精液常温保存的原理，掌握常温保存的处理手段。

11. 熟练输精前的准备。

12. 准确判定输精时间。

13. 掌握输精方法。

【能力目标】

1. 掌握的采精技术。

2. 掌握精液品质检查技术。

3. 熟练掌握猪的输精技术。

4. 熟练掌握精液稀释、保存。

【基础知识】

猪的人工授精即利用器具或徒手将公猪精液采取，经一系列的处理再授精到发情母猪的子宫内,以达到受孕的目的。

一、现代猪人工授精的优越性

在现代集约化养猪生产中,人工授精已经成为一种常规的配种管理手段,也是一种有价值的猪育种技术。其优点主要为:

(1)充分利用种公猪的优良基因,发挥优秀种公猪的配种能力,提高猪群的总体质量。

(2)有效解决本交传播疾病和公、母猪体重悬殊造成的配种困难等问题。

(3)引入猪的新品系时可防止各种疾病的传播。

(4)可以使用计划的杂交方案来从杂种优势中获得最大利益,而不必维持两个或更多品种的大量公猪。

(5)整个猪群可在母猪群成批配种、分娩、断奶和再配种的基础上进行管理,而不需要饲养大量公猪。

(6)可以以相对低的费用购买高于平均性能并经检查质量和保存寿命的验证公猪精液。

(7)为猪场间精液(代替种公猪)的交流提供了方便。

(8)由于每份用于输精的精液都有足够的体积和有效精子数,操作方法更合理,更卫生,使现代人工授精配种的母猪受胎率大约比本交提高了7%,窝产仔数提高了0.5头左右。如果采用多头公猪精液混合对父母代母猪输精,其窝产仔数比单一来源的精液输精窝产仔多0.5头左右,健仔率和整齐度都有明显提高。

因此,人工授精给养猪生产带来的经济效益非常明显。但由于对现代猪人工授精的认识以及技术熟练程度的差别,不同猪场采用人工授精的效果有一定的差别。

二、公猪的调教

调教的目的是使种公猪学会爬跨假母猪(又称假台猪),并在一定的采精条件下能够顺利完成射精过程。适时调教有利于公猪的健康发育和性行为的正确引导,并对其今后的配种工作影响很大。因此,调教种公猪是人工授精技术的重要内容。

1. 公猪开始调教的年龄

小公猪在5月龄或更小时,就开始爬跨同窝的小母猪或小公猪,同时也会爬跨高度适中的其他物体,而且这种特性没有明显的个体差异。因此,当大多数小公猪被赶入采精室时,可能因为胆小或对环境感觉陌生而不去爬跨假母猪,有些原来进行本交的种公猪可能第一次进入采精室时也不爬跨假母猪,这样就需要采精人员耐心地对公猪进行调教。只有调教好的公猪才是合格的种公猪。

实际生产中,小公猪达到7～8月龄、体重达到100～110 kg时,就要开始对其进行采精调教,到9月龄以后再根据其调教的情况以及配种能力表现和精液品质好坏,决定其前途和命运。

2. 种公猪调教方法及过程

(1)试配　选择发情好、正在接受公猪爬跨的、体格大小适宜的待淘汰母猪,让小公猪在人工辅助下进行配种。对不会爬跨的小公猪,在试配前先进行运动,并隔着配种栏观摩老公猪配种。然后,将老公猪赶走,驱赶小公猪爬跨。对屡不爬跨的小公猪,可以在试配前注射雄性激素,并准备好发情母猪,驱赶小公猪配种。

(2)调教　首先,将发情旺盛的母猪的尿液或分泌物涂在假母猪后部。然后,将公猪赶进采精室,让其自由活动,熟悉环境。多数情况下,小公猪进去后会很快去嗅闻、啃咬假母猪或在假母猪身上蹭痒,然后就会爬跨假母猪。

一般情况下,小公猪都能调教成功。如果公猪比较胆小,可将发情旺盛母猪的分泌物或尿液涂在麻布上,使公猪嗅闻,并逐步引导其靠近和爬跨假母猪,同时可轻轻敲击假母猪以引起公猪的注意。用其他公猪爬跨过的假母猪,待调教的小公猪嗅到其他公猪的气味时,也容易爬跨假母猪。或者在将发情母猪的尿液或分泌物涂在假母猪后部的同时,播放事先录制的发情母猪的求偶叫声录音,也有利于激起公猪的性兴奋,从而使小公猪爬跨假母猪。

对不易调教的公猪,如果以上方法都不能使公猪爬跨假母猪,先将一头发情旺盛的母猪赶至采精室,并在其背部驮上一条旧麻袋(麻袋不能有异味),然后将待调教的种公猪赶到采精室。当公猪爬跨发情母猪时,在公猪阴茎伸出之前,两人分别抓住其左右耳拉下,当公猪第二次爬跨发情母猪时,用同样的方法将其拉下。这时公猪的性欲已经达到高潮时,表现为呼吸急促、急躁、精神亢奋。工作人员立即从母猪身上提起麻袋遮挡公猪的视线,不使公猪看到发情母猪,并迅速将发情母猪赶走。然后,将麻袋驮在假母猪身上,诱导公猪爬跨假母猪,一般都能调教成功。有时,有过1～2次本交经验的小公猪,由于有较强的交配欲,更易调教其爬跨假母猪。

3. 注意事项

(1)每一次调教,采精员必须始终在场并完成整个采精过程。当小公猪爬跨上假母猪后,采精员应立即从公猪左后背接近,并按摩其包皮,排出包皮液。当公猪阴茎伸出时,应立即将阴茎的龟头锁定不让其转动,并将其牵出,开始采精。

(2)调教时,要有耐心,绝对不准打骂公猪。因为调教过程中任何一种使公猪感到不适的因素,都会导致调教的失败。

(3)一次采精成功后,要连续采精 3～5 d,每天 1 次,让公猪巩固记忆。

(4)每次调教的时间不要超过 20 min。如果小公猪不爬跨假母猪,不要勉强,将其赶走回公猪圈,第 2 天再行调教。

三、手握法采精

猪采精见图 2-2 至图 2-4。

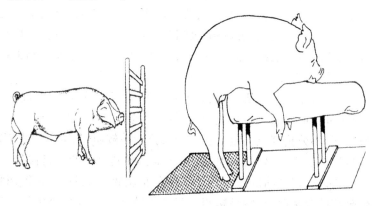

图 2-2　猪的采精台

(一)采精的方法

该方法是目前广泛使用的一种采精方法。其优点是设备简单,操作方便;缺点是精液容易被污染和受冷刺激的影响。手握法采精的原理是模仿母猪子宫对公猪螺旋阴茎龟头的约束力而引起公猪射精。

手握法采精的操作过程:

采精员左手戴上消毒的外科乳胶手套,蹲在台猪左侧,待公猪爬跨假母猪后,先用 0.1％高锰酸钾溶液将公猪包皮附近洗净消毒并用生理盐水冲洗,然后左手握成空拳,手心向下,于公猪阴茎伸出同时,将其导入空拳内,立即握住阴茎头部,不让其来回抽动,使龟头微露于拳心之外约 2 cm,用手指由轻到紧带有弹性并有节奏地压迫阴茎,摩擦龟头部,激发公猪的性欲,公猪的阴茎开始螺旋抽送,做到既不滑掉又不握得过紧,满足猪的交配感要求,直到公猪阴茎向外伸展开并开始射精。

公猪射精时,采精员的左手拳心要有节奏地收缩,并且用拇指刺激阴茎,使其充分射精。要注意,拳心握得过紧则副性腺分泌物较多、精子数少影响配种,握得

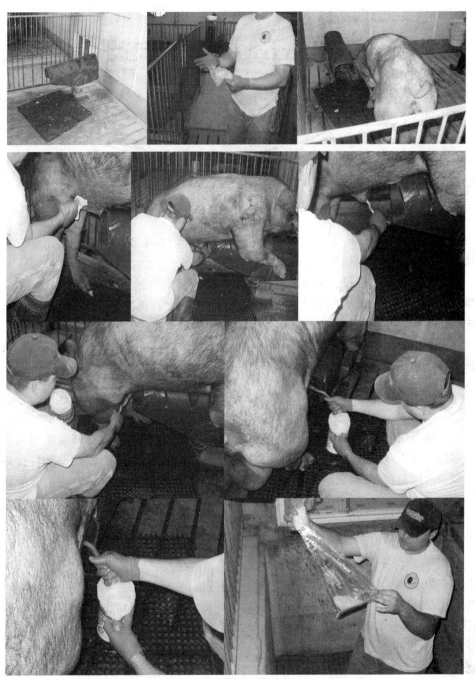

图 2-3　猪的采精过程

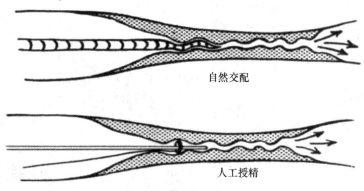

图 2-4 猪的输精部位

过松则阴茎易滑出拳心而影响采精。同时,采精员的右手要迅速准确地用带有过滤纱布和保温的采精瓶收集公猪的精液。

公猪的射精过程可分为 3 个阶段。第一阶段射出少量的白色胶状液体,不含精子,可不收集;第二阶段射出的是乳白色、精子浓度高的精液,要收集到集精瓶中;第三阶段射出的是含精子较少的稀薄精液,也可不收集。

公猪的射精时间为 1～5 min。当公猪第一次射精停止后,如果按上述办法再次施行压迫阴茎及摩擦龟头时,公猪可出现第二、三次射精。

(二)采精的操作规程

1. 稀释液、精液品质检查用品准备

采精前应配制好精液稀释液。将稀释粉放入三角瓶中,量取稀释粉说明书上要求的蒸馏水,彻底溶解后,将稀释液放在 33～35℃ 的水浴锅中预温。同时,打开显微镜的恒温台,使控制器设置温度调至 37℃,并在载物台上放置两张洁净的载玻片和盖玻片,然后准备采精用品。

没有显微镜恒温台的实验室,可将两块厚玻璃和两张洁净的载玻片和盖玻片放于恒温消毒柜中,将消毒柜控制器的温度调整到 38℃。

2. 采精杯安装及其他采精用品准备

在配制稀释液前,将洗净干燥的保温杯打开盖子,放在温度为 37℃ 的干燥箱中,也可放在红外线下 45 cm 处约 5 min 后取出。然后,将两层集精袋装入保温杯内,并用洁净玻璃棒使其贴靠在保温杯壁上,袋口翻向保温杯外,上盖一层专用的一次性过滤网,用橡皮筋固定,并使过滤网中部下陷 3～4 cm,以避免公猪射精过快或精液过滤慢时精液外溢。最后,用一张纸巾盖在网上,再轻轻将保温杯盖盖上。

采精员应取两张纸巾装入自己工作服的口袋中,一手(右手)戴双层无毒的聚乙烯塑料手套,或外层为聚乙烯手套、内层为无毒乳胶手套(比塑料手套防滑)。最后,将集精杯放在壁橱内。

3. 检查采精室

检查采精室各种设备是否牢固可靠,用品是否齐全。

4. 公猪的准备

(1)采精员将公猪赶至采精栏,用0.1‰高锰酸钾溶液清洗其腹部和包皮(可用喷水瓶消毒液),再用温水(夏天用自来水)清洗干净并擦干。要避免水及药物残留对精子造成伤害,必要时,可将公猪的阴毛剪短至2～3 cm。

(2)按摩公猪的包皮腔排出尿液,当公猪爬跨上假母猪时,采精员蹲(或坐)在公猪左侧,用右手尽可能的按摩公猪的包皮,使其排出包皮液(尿液),并诱导公猪爬跨假母猪。

锁定公猪阴茎的龟头,当公猪逐渐伸出阴茎(个别公猪需要按摩包皮,使其阴茎伸出)后,采精员脱去外层手套,使公猪阴茎龟头伸入空拳(拳心向前上,小指侧向前下),用中指、无名指和小指紧握伸出的公猪阴茎的螺旋状龟头,顺其向前冲力将阴茎的"S"状弯曲拉直,握紧阴茎龟头防止其旋转,公猪即可安静下来并开始射精。如果公猪的阴茎不够坚挺,可让其龟头在空拳中转动片刻,待其彻底勃起时,再锁定其龟头。

(3)同时,采精员要小心地取下保温杯盖和盖在滤网上的纸巾。

5. 精液的分段收集

(1)将集精杯口向下,等待浓份精液射出。最初射出的少量精液不含精子,而且含菌量大,所以不能接取,等公猪射出部分清亮的液体后,可用纸巾将清液吸附并将胶状物擦除。

(2)开始接取精液时,应尽量使射精孔刚好露出,以使精液直接射到滤网上。一些公猪射精时,先射出清亮的液体,之后是浓份精液,然后逐渐变淡,直到变为完全清亮的液体,最后射出胶状物后,射精结束。而另一些公猪则分2～3个阶段将浓份精液射出,直到公猪射精完毕。

(3)射精过程历时5～7 min。如果可能,应根据每头公猪的射精规律,尽可能只收集含精多的精液,尽可能不收集清亮的精液。

6. 采精结束

公猪射精结束时会射出一些胶状物,同时环顾左右,采精人员要注意观察公猪的头部动作。如果公猪阴茎软缩或有滑下假母猪的动作,就应停止采精,使其阴茎缩回。注意:不要使网面上的胶状物掉进精液中,然后将集精袋口束在一起,放在保温杯口边缘处,盖上盖子,放入壁橱中。最后,将公猪赶回猪舍。

（三）采精注意事项

（1）采精工作人员应耐心细致,确保工作人员和公猪的安全,防止公猪长期不采精或过度采精,造成公猪恶癖。并应总结小公猪调教的经验,保证每头公猪都能顺利调教成功。

（2）要确保人猪安全。采精员应注意安全,平时要善待公猪,不要强行驱赶、恐吓。

初次训练采精的公猪,应在公猪爬上假母猪后,再从后方靠近,按照正确的采精方法采精,一旦采精成功,一般都能避免公猪的攻击行为。平时要注意观察公猪的行为,并保持合适的位置,一旦公猪出现攻击行为,采精员应立刻逃至安全区。要确保假母猪的牢固,假母猪的安装位置应能使公猪围着假母猪转。并保证假母猪上没有会对公猪产生伤害的地方,如锋利的边角等。

（3）要使公猪感到舒适。在锁定龟头时,最好食指和拇指不要用力,因为这样所有手指把握,可能会握住阴茎的体部,使公猪感到不适;手握龟头的力量应适当,不可过紧也不可放松,以有利于公猪射精而不使公猪龟头转动为度,不同的公猪对握力要求都不相同;宁可收集最后射出的精子含量少的精液,也要让公猪的射精过程完整,不能过早中止采精;夏天采精应在气温凉爽时进行,如果气温过高,应先给公猪冲凉,半小时后再采精。

（4）要重视精液卫生。要经常保持采精栏和假母猪的清洁干燥,保持公猪体表卫生,采精前应将公猪的下腹部及两肋部污物清除,同时注意治疗公猪皮肤病如疥癣等,以防止采精时异物进入精液中;采精前要尽可能地将公猪包皮腔内的尿液排净,但如果采精过程中包皮腔中有残留尿液顺阴茎流下时,可先将公猪的龟头部分抬高,等公猪射精中止时或只有清亮液体时,放下集精杯,用一张纸巾将尿液吸附,然后继续采精。如果包皮液（尿液）进入精液中,可使精子死亡,精液报废。不要收集最初和最后射出的精液部分。

（5）采精时间要安排在采食后 2～3 h,并固定每次采精时间。饥饿状态时和刚喂饱时不能采精。

（6）确定适宜的采精频率。成年公猪每周 2～3 次,青年公猪（1 岁左右）每周 1～2 次。最好固定每头公猪的采精频率。

四、精液品质检查

1. 精液品质检查的目的

（1）鉴定精液品质的优劣,确定精液是否可以利用。

（2）根据检查结果,了解公猪的营养水平和生殖器官的健康状况。

（3）了解公猪的饲养管理和繁殖管理对公猪的影响。

（4）反映采精技术水平和操作质量。

（5）依据检查结果，确定稀释倍数、保存和运输的预期效果。

（6）通过检查了解外界环境对公猪生殖力的影响，如高温、空气和水源污染对公猪精液品质的影响等。

2. 精液检查的步骤

（1）精液的初步处理　在采精的同时，集精瓶口覆盖特制的滤精纸或纱布，流入了集精瓶的精液已滤去大块的胶状物。

（2）精液的外观评定　外观评定可对精液做出初步的判断，并决定是否对精液进行下一步的检查。判定精液是否正常，先看颜色，如颜色为乳白色或灰白色属正常颜色，出现脏物如毛、血、尿、脓，说明精液污染或生殖道患炎症，应立即将精液废弃。检查气味，正常公猪精液具有一种特殊的腥味，但无臭味。精液有臭味或腐味均为异常精液。

（3）称取重量或测量体积　将精液置天平上称重，即得出精液重。观察混浊度是精子数量多少（密度大小）的标志。精液像棉絮一样混浊，并滚动如云，说明混浊度好，可用"＋＋＋"表示；中等者为稀，用"＋＋"表示；稀薄不良，用"＋"表示。

（4）等温第一次稀释　将精液置于 $35\sim36℃$ 和稀释液相同温度的水浴槽内，第一步以 1∶1 稀释。在采精后 5 min 内进行第一次稀释。因为精液中含有刺激精子活动及损害精子生存的物质，经第一次稀释后则可保护精子免受精液中有害物质的损伤。

（5）应用显微镜进行活力和密度评定　精子活力表示方法多采用十级评分制，方法是：取 $10\sim100\ \mu L$ 原精液，置干净的载玻片上，用 $22\ mm^2$ 的盖玻片盖上，在 400 倍光镜下观察 10 个不同视野下必须有 100 个以上的精子，分别记录活动的状况，精子运动的速度和方向，活动力强弱，分别记录各级活动精子的百分率。如果精液中有 80% 的精子作直线运动，精子活力计为 0.8；如有 50% 的精子作直线运动，活力计为 0.5，依此类推。评定精子活力的准确度与经验有关，具有主观性，检查时要多看几个视野，取平均值。精子运动力与受精力关系密切。在猪人工授精中原精活力不低于 0.7，冷冻精液解冻后活力不低于 0.3。

精子运动力是生殖力的一项重要属性，没有高活性运动力的精子，其受精能力较差。用显微镜血细胞计数板测定精子密度的方法。

用白细胞稀释吸管吸收精液到 0.5 刻度（不得有气泡），然后吸取 3‰ 盐水至稀释管膨大部上方的 11 刻度线，以拇指及中指紧压吸管两端摇动混匀。

稀释精液滴入计数盘：将管末端持液体去掉数滴，再将稀释均匀的精液滴入盖上盖玻片的计数板边缘,让毛细现象渗入计数室内。

精子计数是按四端和中心计数 5 个中方格,或按对角线连续计数 5 个中方格。计数时以精子头部为准(即计上不计下,计左不计右)。

1 mL 内精子总数$=R$(5 个中方格的精子数)$\times 5$(整个计数室为 25 个中方格)$\times 10$(1 mm^3 的精子数计数室高为 0.1 mm)$\times 1\ 000$(1 cm^3 $=1\ 000$ mm^3)$\times 200$(稀释 200 倍)$=R\times 1\ 000\ 000$ 个/ mL,将上式化简为:1 mL 内精子数$=5$ 个中方格精子数$\times 100$ 万。

(6)精子的形态学检查　取精液标本 1 滴与 10% 福尔马林液相混合均匀,盖上盖玻片在显微镜 400~600 倍下观察。或者取 10 mL 试管内加伊红染液(1% 浓度)1 mL,加入精液 0.2 mL,置 37℃ 水浴锅中恒温浸染 20 min,取 1 滴伊红染后的精液,再滴加 1 滴 5% 苯胺黑或苯胺蓝混匀染色后抹片,用显微镜在 600 或 800 倍下观察,死精子染为红色,活精子不着色。每个抹片观察 200 个以上精子,得到活率。然后观察分类计数,正常头、大头、小头、梨形头、双头、双颈、双尾、无头、断尾、折尾、卷尾、颈和中段含有原生质滴以及稚形未成熟精子等。正常形态精子在鲜精中应不低于 82%(畸形精子不超过 18%),保存过精子正常形态的精子不低于 80%(畸形不高于 20%)。

(7)通过染色在 1 500~1 600 倍光镜的油镜下也可检验顶体状况　检查精子顶体异常率的方法:先把精液制成抹片,干燥后用 95% 酒精固定,水洗后用姬姆萨液染色 1.5~2 h,再水洗干燥,用树脂封装放在镜下 1 000 倍观察,随机观察 500 个精子,计算顶体异常率。即顶体异常的精子占精子总数的百分比。如果畸形精子超过 20% 则视为精液品质不良,不能用做输精。

(8)精子的保护　在精液处理过程中小心保护、精心操作是十分重要的。否则精子活力迅速下降、受胎率降低。注意事项:①处理精液过程中要在无菌罩或超净工作台内进行,防止外界微生物侵入;②避免精子所处环境过热过冷,防止温度突然变化;③杜绝精子与水或有毒、有害化学物质接触;④避免阳光、日光灯直接照射,最好在蓝色光线下操作;⑤减少精液和空气接触,分装入瓶中,最好灌至瓶颈,以减少接触空气面积,并可在其上层覆盖一薄层液体石蜡阻断空气更好,需长期保存的精液,上层充上氮气,效果更好;⑥搅拌精液应缓慢、均匀,不可激烈搅拌或震动;⑦实验室内严禁抽烟和使用挥发性有害液体(如苯、乙醚、汽油、香精等)。

五、精液的稀释

精液经检查合格后,尚需经过稀释、分装、保存和运输等过程,最后用于输精。

（一）猪精液稀释液的配制

1. 国内常用的猪精液稀释液的配制

国内常用的猪精液稀释液种类有很多，其配方有以下几种：

（1）奶粉稀释液：奶粉 9 g、蒸馏水 100 mL。

（2）葡柠稀释液：葡萄糖 5 g、柠檬酸钠 0.5 g、蒸馏水 100 mL。

（3）"卡辅"稀释液：葡萄糖 6 g、柠檬酸钠 0.35 g、碳酸氢钠 0.12 g、乙二胺四乙酸钠 0.37 g、青霉素 3 万 IU、链霉素 10 万 IU、蒸馏水 100 mL。

（4）氨卵液：氨基乙酸 3 g、蒸馏水 100 mL 配成基础液，基础液 70 mL 加卵黄 30 mL。

（5）葡柠乙液：葡萄糖 5 g、柠檬酸钠 0.3 g、乙二胺四乙酸 0.1 g、蒸馏水 100 mL。

（6）葡柠碳乙卵液：葡萄糖 5.1 g、柠檬酸钠 0.18 g、碳酸氢钠 0.05 g、乙二胺四乙酸 0.16 g、蒸馏水 100 mL，配成基础液，基础液 97 mL 加卵黄 3 mL。

以上几种稀释液除"卡辅"外，抗生素的用量均为青霉素 1 000 IU/ mL、双氢链霉素 1 000 μg/mL。

2. 国外常用的 3 种稀释液的配制

（1）BL-1 液（美国）：葡萄糖 2.9%、柠檬酸钠 1%、碳酸氢钠 0.2%、氯化钾 0.03%、青霉素 100 IU/mL、双氢链霉素 0.01%。

（2）IVT 液（英国）：葡萄糖 0.3 g、柠檬酸钠 2 g、碳酸氢钠 0.21 g、氯化钾 0.04 g、氨苯磺酸 0.3 g、蒸馏水 100 mL，混合后加热使之充分溶解，冷却后通入二氧化碳约 20 min，使 pH 达到 6.5。

（3）奶粉—葡萄糖液（日本）：脱脂奶粉 3.0 g、葡萄糖 9 g、碳酸氢钠 0.24 g、α-氨基-对甲苯磺酰胺盐酸盐 0.2 g、磺胺甲基嘧啶钠 0.4 g、灭菌蒸馏水 200 mL。

（二）精液的稀释倍数、份数

稀释之前需确定稀释的倍数。稀释倍数根据精液内精子的密度和稀释后每毫升精液应含的精子数来确定。猪精液经稀释后，要求每毫升含 1 亿个精子。如果密度没有测定，稀释倍数国内地方品种一般为 0.5～1 倍，引入品种为 2～4 倍。

1. 稀释份数

如果每份精液的有效精子数为 40 亿，那么稀释份数＝采精量×密度×活力/40。

2. 稀释液数量

采精量×（稀释倍数－1）就是加入稀释液的数量。

精液稀释应在精液采出后尽快进行,而且精液与稀释液的温度必须调整到一致,一般是将精液与稀释液置于同一温度(30℃)中进行稀释。

(三)稀释方法

(1)先用消毒过的4~6层纱布过滤精液中的胶质部分。

(2)进行精液品质检查,并确定稀释倍数。

(3)把配制好的稀释液加热至30℃左右,使稀释液与精液温度一致。

(4)取消毒的玻璃棒,把稀释液沿玻璃棒徐徐加入精液中,然后轻轻晃动使精液和稀释液混匀。

(5)镜检稀释后的精子的活力情况。

六、精液的保存

为了延长精子的存活时间,扩大精液的使用范围,便于长途运输,稀释后的精液需进行保存。

(1)常温保存　在15~20℃条件下,我国常采用17℃的恒温箱进行保存,利用稀释液的弱酸性环境来抑制精子的活动,减少能耗。而稀释液中的抗生素类药物可以抑制微生物繁衍,减少对精子的危害,使精液得以保存,保存时间为3~7 d。

(2)低温保存　在0~5℃条件下,精子的活力被抑制,降低代谢水平,减少能耗,精子的存活时间得以延长。在低温保存下,0~10℃对精子是一个危险的温度范围区,如果精液从常温状态迅速降至0℃,精子就会发生不可逆的冷休克现象。所以精液在低温保存之前,需经预冷平衡。具体做法为:每分钟降温0.2℃,用1~2 h完成降温全过程。此外,在稀释液内添加卵黄、奶类等物质也可以提高精子的抗冷能力。

在农村无冰源条件下,可以采用以下方法制造冷源:

①将食盐40 g溶于1 500 mL冷水中,加入氯化铵400 g,装入广品保温瓶内,其温度可以降至2℃左右。如果想长期维持低温,每隔2 d重新添加一次氯化铵。

②将尿素60 g溶于100 mL冷水中,可以降温至5℃。如果将其溶于冰水中,可以降温至-5℃。

③将贮精瓶包裹结扎盛于塑料袋内,扎好袋口。将贮精塑料袋放于竹筒或竹篮等容器中,再将容器吊沉于井底保存。

七、输精技术

输精操作的目标,就是在不受污染的情况下,将输精器插入母猪阴道内,准确、适时、顺利地将精液输入到母猪的生殖道内,完成配种。

（一）输精前的准备

1. 输精用品

一次性输精器或橡胶导管、精液、润滑剂、一次性手套、纸巾、0.1％高锰酸钾溶液等（图 2-5 和图 2-6）。

图 2-5　一次性橡胶导管

图 2-6　集精瓶

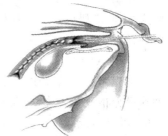

图 2-7　猪的输精示意图

2. 输精方式

有 3 种输精方式可供选择：第一种为 1 次自然交配、1～2 次人工授精，间隔

4~8 h;第二种为 2 次人工授精,间隔 8~12 h;第三种为 3 次人工授精,间隔 6~8 h。

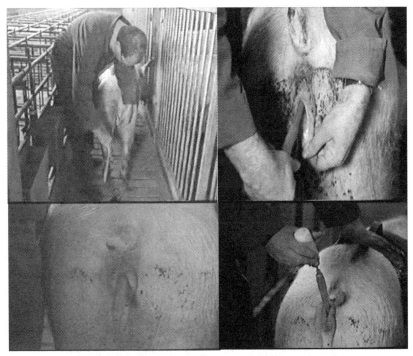

图 2-8 猪的输精示意图

3. 输精时间

断奶后 3~6 d 发情的经产母猪,发情出现静立反应后 6~12 h 进行第一次输精或配种;断奶后 7 d 以上发情的经产母猪,发情出现静立反应,在 4~6 h 内进行配种(输精);在无试情公猪的情况下,发现有静立反应时要立即进行第一次输精。

4. 精液检查

可先将袋装精液放在恒温载物台上,用一张载玻片(边缘磨光)压在精液袋上,使这部分精液加热片刻,在 100 倍显微镜下观察活力,输精前精液的活力应不低于0.6。没有恒温载物台的实验室,可将精液袋封口线刺破,用微量移液器吸取精液在显微镜下检查,如果精液合格,再用封口机将精液袋封好。

5. 输精前两次进行发情鉴定

将试情公猪赶至待配母猪栏之前,使母猪在输精时与公猪口鼻接触。同时,对发情母猪的敏感部位进行刺激,一方面检查母猪的发情情况;另一方面可刺激母猪的宫缩,使输精更顺利。刺激部位为背部、肩部、后侧腹部、后乳房部及阴门。同时检查阴门及阴道黏膜的肿胀消退状况,黏液是否变得黏稠,红肿是否消退为暗红(略带紫红)。

6. 消毒母猪

输精前要清洁双手或戴上一次性手套,用 0.1%~0.2%高锰酸钾溶液清洁母猪外阴、尾根及臀部周围,再用消费纸巾充分擦干。

(二)输精操作程序

1. 涂润滑剂

从密封袋中取出没有受任何污染的一次性输精管或消毒好的橡胶导管(手不应接触输精管的前 2/3 部分),在其前端上涂上润滑剂。润滑剂可以使用专门的人工授精用润滑胶,也可以使用灭菌凡士林、红霉素软膏或者公猪精液。

2. 插入输精管

输精员站在母猪的左后侧,面向后方。没有进行断尾处理的母猪,要保定其尾巴,以免输精操作时尾部摆动影响操作。输精员左手将母猪尾巴捉住,用胳臂将其压在母猪腰荐部并腾出左手,或由助手将尾巴压在母猪腰荐部。然后,输精员用腾出的左手将母猪阴唇分开,使外阴口保持张开状态,右手持输精器沿着稍斜上方的角度(45°)慢慢插入母猪阴道,边推进边旋转输精管并反复抽送 2~3 次,直到感觉有阻力,说明输精导管已顶到了子宫颈口。一般情况下,此时的输精管插入深度为初配母猪 15~20 cm,经产母猪 25~30 cm。此时,再将输精导管左右旋转,稍一用力,前进大约 4 cm,输精导管的顶部即可进入子宫颈内第 2~3 皱褶处,发情好的猪便会将输精导管锁定,回拉时则会感到有一定的阻力(轻轻地拉,拉不动),此时便可输精(图 2-7 和图 2-8)。

需要注意的是,在插入输精导管过程中,如遇母猪左右摆动或向前走动,不必抽出输精导管,可叫助手按压母猪腰荐部,输精员亦可手握输精导管跟随母猪走动的方向移动。

3. 输精

用输精瓶或精液袋输精时,当确定输精导管已插入子宫时,从精液贮存箱中取出品质合格的精液,先确认公猪品种、耳号,然后缓慢颠摇精液,打开精液袋封口将塑料管暴露出来或者用剪刀将精液瓶盖的顶端剪去,接到输精管的尾部,开始进行输精(也可将精液袋先套在输精管上后再将输精管插入母猪生殖道内)。

用注射器输精时,可抽取一次输精量将注射器前端插到输精导管的尾部慢慢注入精液。

技能训练

猪的采精、品质检查

(1)训练准备　种公猪、显微镜、发情母猪。

(2)操作规程

工作环节	操作规程	操作要求
猪的采精	用于公猪的采精。方法是:采精员蹲在台猪右侧,当公猪爬跨台猪时,左手握成空拳,使公畜阴茎插入空拳内,让其自然转动片刻,再握紧阴茎的螺旋部不让龟头转动,当阴经充分勃起后,顺势向前牵拉,手指有节奏地进行弹性松握,引起公畜射精;右手持集精瓶收集精液。公猪射精约经数十分钟,并分 3～4 次射出,每次持续 5～7 min;第一次射出的精液精子少,可不收集	操作方法正确,动作迅速、准确,能采出精液,会收集公猪精液
精液数量检查	用量筒量取精液的容积(300～400 mL)	会用量筒取精液数量
精液颜色检查	精液颜色一般为白色,其他颜色都是有问题的	根据精液颜色判断精液优劣
云雾状	用肉眼观察精液,看精液翻滚的现象判断云雾状的显著程度	会判断云雾状的显著程度
精子活力	直线运动的精子占精子总数的百分比	会观察和计算
精子密度	将管末端持液体去掉数滴,再将稀释均匀的精液滴入盖上盖玻片的计数板边缘,让毛细现象渗入计数室内 精子计数是按四端和中心计数 5 个中方格,或按对角线连续计数 5 个中方格。计数时以精子头部为准(即计上不计下,计左不计右) 1 mL 内精子总数＝R(5 个中方格的精子数)×5(整个计数室为 25 个中方格)×10(1 mm^3 的精子数计数室高为 0.1 mm)×1 000(1 cm^3＝1 000 mm^3)×200(稀释 200 倍)＝R×1 000 000 个/mL,将上式化简为:1 mL 内精子数＝5 个中方格精子数×100 万	会观察和计算
畸形精子	畸形精子占精子总数的百分比	会观察和计算

续表

工作环节	操作规程	操作要求
公猪的调教一	在将发情母猪的尿液或分泌物涂在假母猪后部的同时，播放事先录制的发情母猪的求偶叫声录音，也有利于激起公猪的性兴奋，从而使小公猪爬跨假母猪	会调教
公猪调教二	在假台猪旁放一头发情母猪，让种公猪多次爬跨但不交配	会调教
精液稀释	稀释份数＝采精量×密度×活力/40，采精量×（稀释倍数－1）就是加入稀释液的数量	会计算稀释份数
输精	润滑输精头－插入输精枪－输精完成	能熟练完成输精

（3）作业 记录操作过程。

任务三 妊娠鉴定

【知识目标】

1. 了解胚胎时期发育的过程及特点。

2. 了解胎盘胎膜的结构及分类特点。

3. 了解家畜妊娠期的变化。

4. 掌握家畜妊娠的几种诊断方法。

【能力目标】

应用各种方法诊断母猪妊娠。

【基础知识】

一、妊娠症状

母猪发情周期平均为 21 d，所以配种后 21 d 若再不发情，可初步认为受胎了。但有时也有假发情的母猪，配种后 21 d 阴部发红，出现像发情一样的症状，此时避嫌公猪，发情时间较短。极个别的不受胎母猪，配种后不表现发情，而到第二个发情期出现发情。母猪妊娠初期流产有时难以发现。如果注意观察，流产母猪外阴部稍带红色，似受污染，但几乎看不见任何其他异常。母猪妊娠中、后期流产，则食欲剧减，精神不振，外阴部发红并流出黏液，有胎膜排出，在群养母猪的情况下，有的胎膜被母猪自己吃掉。

妊娠母猪行动逐渐安稳,食欲增加,妊娠期过半时腹部增大,乳房发育。妊娠后期显示胎动,手触可感到胎儿的蠕动。到妊娠末期,阴部松弛,应为分娩做好必要的准备。妊娠母猪分娩前 1～2 d,乳房更加膨胀,手挤可流出浓稠的初乳。临产时母猪叼草做窝,粪、尿排泄频繁。

二、早期妊娠诊断方法

为了缩短母猪的繁殖周期,提高年产仔窝数,需要对配种后的母猪进行早期妊娠诊断。早期妊娠诊断的方法很多,具体介绍如下:

(一)外部观察法

母猪配种后,经过一个发情期(18～22 d),未表现发情或至第二个发情期再观察一次,若仍无发情表现者,即说明已妊娠。其外部表现为:母猪疲倦,贪睡不动,性情温顺,动作稳当,食量增加,上膘快,皮毛发亮紧贴身,尾巴下垂很自然,阴户缩成一条线。但实际上没有返情的母猪可能不一定是妊娠,其他一些原因,如激素分泌紊乱、子宫疾病等都有可能引起不返情。此法不用任何仪器或药物,且简单易行,在养猪生产中广泛应用。但采用此法需要具有一定的生产经验。

(二)采用公猪试情法试情

赶着公猪从已配种的母猪栏旁走过,反复几次,观察母猪表现,如果该猪情绪不安、站立、食欲欠佳、外阴变化等便可说明其未孕。反之,则说明已妊娠。这种方法目前猪场使用得不多。

应当注意,采用上述方法进行妊娠诊断时,要注意有的母猪并不一定已妊娠,因其发情周期有延迟现象;还有的母猪卵子受精后,胚胎在发育中早期死亡或被吸收,而造成长期不再发情,对后者一经发现,要立即淘汰。

(三)根据乳头的变化判断

约克夏母猪配种后,经 30 d 乳头变黑。轻轻拉长乳头,如果乳头基部呈现黑紫色的晕轮时,则可判断为已经妊娠。一般母猪妊娠后乳头前端向外张开,乳头基部全部膨胀隆起。

(四)诱导发情检查法

母猪在配种后 16～18 d,耳根皮下注射 1～2 mg 的己烯雌酚,未孕猪在 2～3 d 内即可发情;孕猪则毫无反应。但采用此法注射时间必须准确,注射时间过早,会打乱未孕猪的发情周期,延长黄体寿命,造成长期不发情,故采用此法要慎重。

（五）激素测定法

测定母猪血浆中孕酮或胎膜中硫酸雌酮的浓度来判断母猪是否妊娠,一般血样可在第19～23天采集测定,如果测定的值较低,则说明没有妊娠;如果明显高,则说明已经妊娠。激素测定可以采用放射免疫法或酶联免疫法,准确性较高,但较繁琐,费用较高。

（六）直肠触诊法

一般是指体型较大的经产母猪,通过直肠用手触摸子宫,如果有明显的波动则认为妊娠,一般妊娠后30 d可以检出。此法准确率高,但只适用体型较大的母猪,有一定的局限性。

（七）多普勒超声诊断法

将探触器贴在猪腹部体表发射超声波,根据胎儿心跳动的感应信号音,或者脐带多普勒信号音而判断母猪妊娠的准确率为80%,40 d以后的准确率为100%。缺点是一次性投资较高。

（八）阴道活组织检查法

在母猪配种后20～30 d之间用活组织取材工具从阴道上皮采取一小块样品进行检查(取样部位一定要在阴道的前部),然后对样品进行切片、固定、染色和镜检。如果上皮组织的上皮细胞层明显减少,且致密,一般仅有2～3层细胞,细胞边缘规律而发亮,细胞核染色深,则认为该母猪为妊娠母猪。怀孕猪的上皮细胞不到三层,未孕母猪上皮细胞达到十层以上,排列松弛,细胞边缘不规律,常有反转折叠现象。本法对于怀孕21 d以上的母猪,其准确率可达90%～95%。此法缺点是取样时要有一些技巧,还必须小心标记样品,记录配种后的时间。

三、妊娠母猪预产期的推算

母猪配种时要详细记录配种日期,以便饲养管理,做好接产准备。母猪的妊娠期为110～119 d,平均为114 d。推算母猪预产期均按114 d进行,目前有以下几种方法推算。

（1）三三三法　为了便于记忆可把母猪的妊娠期记为3个月3个星期零3 d。

（2）配种月加3,配种日加20法　即在母猪配种月份加上3,在配种日上加20,所得日期就是母猪的预产期。如2月1日配种,5月21日分娩;3月20日配种,7月10日分娩。

（3）查表法　因为月份有大有小,天数不等,为了把预产期推算得更准确,把月份大小的误差排除掉,同时也为了应用方便,减少临时推算的误差,可查预产期推算表。

母猪预产期推算表中,上边第一行为配种月份,左边第一列为配种日,表中交叉部分为预产日期。例如:母猪1月1日配种,先从配种月份中找到1月,再从配种日中找到1日,交叉处的4.25即4月25日为预产期。再如6月15日配种的母猪,预产期为10月7日。

技能训练

猪的妊娠诊断

(1)训练准备　妊娠母猪、试情公猪、多普勒超声诊断仪等。

(2)操作规程

工作环节	操作规程	操作要求
母猪妊娠诊断一	经过一个发情期(18~22 d),未表现发情或至第二个发情期再观察一次,若仍无发情表现者,即说明已妊娠	会诊断
母猪妊娠诊断二	经30 d乳头变黑。轻轻拉长乳头,如果乳头基部呈现黑紫色的晕轮时,则可判断为已经妊娠	会诊断
母猪妊娠诊断三	赶着公猪从已配种的母猪栏旁走过,反复几次,观察母猪表现,如果该猪情绪不安、站立、食欲欠佳、外阴变化等便可说明其未孕	会诊断
母猪妊娠诊断四	母猪在配种后16~18 d,耳根皮下注射1~2 mg的己烯雌酚,未孕猪在2~3 d内即可发情;孕猪则毫无反应	会诊断
母猪妊娠诊断五	测定母猪血浆中孕酮或胎膜中硫酸雌酮的浓度来判断母猪是否妊娠,一般血样可在第19~23天采集测定,如果测定的值较低,则说明没有妊娠;如果明显高,则说明已经妊娠	会诊断
母猪妊娠诊断六	一般是指体型较大的经产母猪,通过直肠用手触摸子宫,如果有明显的波动则认为妊娠,一般妊娠后30 d可以检出。此法准确率高,但只适用体型较大的母猪,有一定的局限性	会诊断
母猪妊娠诊断七	将探触器贴在猪腹部体表发射超声波,根据胎儿心跳动的感应信号音	会诊断

续表

工作环节	操作规程	操作要求
母猪妊娠诊断八	在母猪配种后 20～30 d 之间用活组织取材工具从阴道上皮采取一小块样品进行检查(取样部位一定要在阴道的前部)，然后对样品进行切片、固定、染色和镜检。如果上皮组织的上皮细胞层明显减少,且致密,一般仅有 2～3 层细胞,细胞边缘规律而发亮,细胞核染色深,则认为该母猪为妊娠母猪	会诊断

(3)作业 记录你的操作过程。

任务四 分娩及助产

【知识目标】

1. 掌握分娩预兆。

2. 掌握分娩过程。

3. 学会助产。

【能力目标】

1. 能根据分娩预兆推算出预产期。

2. 熟练助产。

【基础知识】

一、推算预产期

推算母猪的预产期,便于安排生产中的各项生产操作,并提前做好接产准备。预产期的起始时间为最后一次配种或输精时间,妊娠期按照 114 d 计算。

母猪预产期的推算常用口诀法,即"月加 4、日减 6、再减大月数,过 2 月加 2 d,闰年 2 月加 1 d"。例如:1 月 26 日配种,预产期为 5 月 20 日(闰年 5 月 19 日);4月 3 日配种,预产期为 7 月 26 日。用这种方法将母猪一年中每一天配种的预产时间计算出来,列成一个表格,可供养猪场随时查阅。

二、分娩预兆

母猪临产前,在生理和行为上会产生一些变化,这些变化即为临产征兆。在实际生产中,可以根据临产征兆预测母猪的大致分娩时间,以提前做好值班和接产准备。母猪的临产征兆主要表现在乳房、外阴部和行为上的变化。

(一)乳房变化

母猪产前 15 d 左右,乳房开始由后向前逐渐膨大。到临产之前,变得富有光泽,并且,乳房基部在腹部隆起而呈带状,乳头向两外侧张开而呈"八"字形。一般情况下,当母猪前部乳头能够挤出少量浓稠乳汁时,大约经 24 h 可以分娩;中间乳头能够挤出浓稠乳汁时,大约经 12 h 可以分娩;最后乳头能够挤出浓稠乳汁时,经3~6 h 即可分娩。

(二)外阴变化

母猪分娩前 1 周左右,其外阴部逐渐红肿松弛,阴唇皱壁平展;产前约 3 d,尾部下凹,骨盆开张,臀部肌肉出现明显塌陷,用手握住尾部上下掀起时,明显感到活动范围增大。随之,从外阴中流出黏液。如果黏液较为黏稠,则 2~3 h 即可分娩;如果黏液由浓稠而变稀薄,则母猪可能马上开始产仔。

(三)行为变化

母猪在临产前会表现出明显的不安。如果母猪养在产床内,母猪会出现啃咬铁管的行为;如果母猪养在水泥地面上,则母猪在睡卧区周围会出现用蹄爪扒过的痕迹。出现这些现象后,经过 6~12 h 母猪即可产仔。

如果母猪进一步出现呼吸加快,时起时卧,犬坐卧势,频频排尿,侧卧且四肢伸展,出现阵痛并努责,母猪即刻分娩。母猪的临产表现总结如表 2-1 所示。

表 2-1　母猪临产征兆与产仔时间

临产征兆	距离产仔时间
乳房膨大	16 d 左右
外阴红肿,尾部两侧塌陷	3~5 d
前边乳头能够挤出乳汁	1~2 d
母猪不安,时起时卧	8~10 h
最后乳头能够挤出乳汁且呈浓乳白色	6 h
呼吸急促,心跳加快	4 h
侧卧且四肢伸展	10~90 min
外阴部流出稀薄分泌物	1~20 min

总之,母猪的临产征兆可以用四句话概括:外阴红肿流黏液,衔草絮窝忽停食,性情急躁,频排尿,最后乳头奶水好。

三、分娩过程

分娩前母猪子宫发生很大变化,骨盆阔韧带以及产道、子宫颈松弛,使胎儿容易通过。猪的胎儿妊娠后期不发生转动,头向前和向后的情况大致相同。分娩发动时主要分为3个阶段:

（一）开口期

以子宫收缩为主,压迫充满液体的胎膜,同时也机械刺激子宫颈内口,引起子宫颈口开张。

（二）胎儿排出期

胎膜破裂,腹壁肌肉收缩明显,即通过努责逐一排出胎儿。

（三）胎衣排出期

没有包裹胎儿的胎膜排出。

上述3个阶段组合在一起称为胎儿产出的3个阶段。

四、难产及助产

（一）难产原因

母猪分娩过程中,胎儿不能顺利产出谓之难产,主要表现为母猪长时间努责、痛苦呻吟、烦躁不安,但不见胎儿产出。母猪难产主要可以造成死胎、弱仔以及母猪产后不食、产后瘫痪等。母猪发生难产的原因可以归纳为以下8种。

(1)母猪内分泌不足。初产母猪或者其他原因造成的母猪产前雌激素分泌不足,可使母猪子宫阵缩不力而出现难产。故对初产母猪在产前注射前列腺素或雌激素,能增强子宫阵缩,防止难产。

(2)母猪过于肥胖。如果不能对妊娠期母猪进行科学的营养调控,就会导致母猪子宫及产道周围沉积过多脂肪,同样造成母猪难产。故母猪产前,特别是预产期前7 d适当限饲,可以有效防止母猪难产。

(3)母猪产道狭窄。过早配种及初产母猪多见。过早配种常导致母猪生长发育受阻而使其骨盆发育不全,造成母猪骨盆狭窄而发生难产。

(4)妊娠后期母猪能量摄入不足,使母猪体力较弱,不能产生足够的努责力量而发生难产。

(5)胎儿异常。胎位不正、胎向不正及胎儿畸形、胎儿过大、死胎过多等均能导致母猪难产。

(6)在妊娠后期对母猪适当限饲可防止胎儿过大,临产时擦洗按摩母猪乳房和腹部可减少胎位不正和胎向不正现象的出现。

（7）母猪产仔环境不安静使母猪注意力不能集中。

（8）母猪妊娠期过长。采用诱导分娩措施也能有效防止难产。

（9）没有有效的接产助产制度。

（二）助产

发生难产时，要立即检查产道、胎儿和母猪的状态，并分析难产的原因，然后立即采取助产措施。

1. 推

接产人员蹲或坐于母猪腹部后侧，面向母猪腹部，双手掌心向上插到母猪后腹下，轻轻向上托起母猪腹部，配合母猪阵缩和努责的力量与方向推压数次后，即可帮助母猪产出胎儿。

2. 拉

当见到胎儿头部或腿部在母猪产道中时进时出时，用手拉住，顺势将仔猪拉出母猪产道。

3. 掏

接产人员先将手臂和母猪外阴部洗净、消毒，然后手臂涂以肥皂水或油类润滑剂，五指并拢呈锥状，慢慢伸入母猪产道，触摸并抓住胎儿，慢慢将其拉出。如果产道干燥，可先向产道内注入润滑剂后，再施行此法。对胎位不正者，应先矫正胎位后，让其自行产出或人工拉出。

4. 注

对于产程过长、年老体弱、阵缩努责不力者，立即肌肉或皮下注射催产素（垂体后叶素）20～40 单位或苯甲酸雌二醇 4～8 mg、己烯雌酚 8～12 mg。

5. 剖

对于以上措施无效者，即可施行剖腹产。猪对剖腹产的耐受性较强，成功率可达 92%。

剖腹产手术法：剖腹产的基本原则是"保仔"。将猪左或右侧卧保定，猪的上下颌用绳索缠缚；对母猪侧腹壁进行大面积剃毛、洗净、消毒（先涂 5% 碘酊，后用 70% 酒精脱碘）；在手术切口处，用 0.5% 普鲁卡因 100～200 mL 作局部浸润麻醉（必要时加入镇静剂）；采用腹侧壁斜切口，即由髋结节下角至脐部连线中点处做一与腹内斜肌纤维方向相同的、10～15 cm 的切口；切口腹壁→拉出子宫或子宫角→在子宫角大弯处切开子宫 →取出胎儿→ 缝合子宫切口（用连续缝合法缝合子宫浆膜和肌肉层作为第一道缝合，然后，再用胃肠缝合法，即缝合针不穿透黏膜做第二道缝合，使子宫切口内翻）→ 腹腔内注入大剂量抗生素→ 连续缝合法缝合腹壁切口(每层的缝合都要撒布抗生素和严格消毒)→ 锁边缝合法缝合皮肤→术后处理(注射垂体后叶素,并进行强心补液抗感染,连续注射抗生素 3～5 d,2 次/d,7～10 d 即可拆线)。

技能训练

母猪的助产

(1)训练准备　分娩母猪。

(2)操作规程

工作环节	操作规程	操作要求
计算预产期	月加 4、日减 6、再减大月数,过 2 月加 2 d,闰年 2 月加 1 d	会用公式计算猪的预产期
推断预产期	根据下列征兆判断出分娩的时间: ①乳房膨大 ②外阴红肿,尾部两侧塌陷 ③前边乳头能够挤出乳汁 ④母猪不安,时起时卧 ⑤最后乳头能够挤出乳汁且呈浓乳白色 ⑥呼吸急促,心跳加快,侧卧且四肢伸展 ⑦外阴部流出稀薄分泌物	能根据母猪分娩的征兆判断出分娩的时间
助产	①推 接产人员蹲或坐于母猪腹部后侧,面向母猪腹部,双手掌心向上插到母猪后腹下,轻轻向上托起母猪腹部,配合母猪阵缩和努责的力量与方向推压数次后,即可帮助母猪产出胎儿 ②拉 当见到胎儿头部或腿部在母猪产道中时进时出时,用手拉住,顺势将仔猪拉出母猪产道 ③掏 接产人员先将手臂和母猪外阴部洗净、消毒,然后手臂涂以肥皂水或油类润滑剂,五指并拢呈椎状,慢慢伸入母猪产道,触摸并抓住胎儿,慢慢将其拉出。如果产道干燥,可先向产道内注入润滑剂后,再施行此法。对胎位不正者,应先矫正胎位后,让其自行产出或人工拉出	会根据分娩的不同情况,采用不同的助产方法

续表

工作环节	操作规程	操作要求
助产	④注 对于产程过长、年老体弱、阵缩努责不力者,立即肌肉或皮下注射催产素(垂体后叶素)20～40 单位或苯甲酸雌二醇 4～8 mg、己烯雌酚 8～12 mg ⑤剖 切开腹壁→拉出子宫或子宫角→在子宫角大弯处切开子宫 →取出胎儿→ 缝合子宫切口→ 腹腔内注入大剂量抗生素→ 连续缝合法缝合腹壁切口→ 锁边缝合法缝合皮肤→术后处理(注射垂体后叶素,并进行强心补液抗感染,连续注射抗生素 3～5 d,2 次/d,7～10 d 即可拆线)	会根据分娩的不同情况,采用不同的助产方法

(3)作业　记录你的操作过程。

任务五　提高种猪繁殖力

【知识目标】

1. 掌握受胎率、情期受胎率的计算。

2. 理解繁殖率、配种指数。

3. 了解窝产仔数、产仔窝数。

【能力目标】

会计算各种繁殖力指标。

【基础知识】

表示猪繁殖力的指标通常主要有以下几种。

一、受胎率

(一)情期受胎率

情期受胎率为妊娠母猪头数占配种情期数的百分比。

$$情期受胎率 = \frac{妊娠母猪头数}{配种情期数} \times 100\%$$

情期受胎率又可分为：

（1）第一情期受胎率 即第一个情期配种的母猪，妊娠母猪占配种母猪数的百分比。

$$第一情期受胎率＝\frac{妊娠母猪数}{第一情期配种母猪数}×100\%$$

（2）总情期受胎率 即配种后妊娠母猪数占总配种情期数（包括历次复配情期数）的百分比。主要反映猪群的复配情况。

（二）总受胎率

即最终妊娠母猪数占配种母猪数的百分率。

二、配种指数

配种指数是指参加配种母猪每次妊娠的平均配种情期数。

每次妊娠平均配种情期数＝配种情期数/妊娠母猪数×100％

三、繁殖率

繁殖率是指本年度内出生仔猪数占上年度终适繁母猪数的百分比，主要反映猪群增殖效率。

$$繁殖率＝\frac{本年度内出生仔猪数}{上年度终适繁母猪数}×100\%$$

四、成活率

成活率一般指断奶成活率，即断奶时成活仔猪数占出生时活仔猪总数的百分比。或本年度终成活仔猪数（可包括部分年终出生仔猪）占本年度内出生仔猪的百分比。

$$成活率＝\frac{断奶时成活仔猪数}{出生时活仔猪数}×100\%$$

$$成活率＝\frac{本年度终成活仔猪数}{本年度内出生仔猪数}×100\%$$

五、产仔窝数

产仔窝数一般指猪在一年之内产仔的窝数。

六、窝产仔数

窝产仔数即猪每胎产仔的头数（包括死胎和死产）。一般用平均数来进行比较个体和猪群的产仔能力。

技能训练

繁殖力指标计算

(1)训练准备 计算器。

(2)操作规程

工作环节	操作规程	操作要求
情期受胎率	$情期受胎率=\dfrac{妊娠母猪头数}{配种情期数}\times100\%$	会计算
总情期受胎率	即配种后妊娠母猪数占总配种情期数(包括历次复配情期数)的百分比	会计算
配种指数	$每次妊娠平均配种情期数=\dfrac{配种情期数}{妊娠母猪数}\times100\%$	会计算
繁殖率	$繁殖率=\dfrac{本年度内出生仔猪数}{上年度终适繁母猪数}\times100\%$	会计算
成活率	$成活率=\dfrac{断奶时成活仔猪数}{出生时活仔猪数}\times100\%(个体)$ $成活率=\dfrac{本年度终成活仔猪数}{本年度内出生仔猪数}\times100\%$	会计算
窝产仔数	窝产仔数即猪每胎产仔的头数(包括死胎和死产)	会计算

(3)作业 书写各种计算公式。

任务六 母猪非传染性繁殖疾病

一、先天性不孕

(一)病因

母猪的先天性不孕分为两种情况,即生殖器官畸形和雌雄间性(两性畸形)。主要是由近亲繁殖所致。

（二）防治

避免近亲繁殖,详细观察,及早发现,能通过外科手术治愈的可留用,否则应育肥后宰杀淘汰。

二、机能性不孕

（一）卵巢机能减退

1. 病因

(1)饲养原理不当,如饲料不足造成营养不良,或饲料单纯,缺乏维生素和无机盐。

(2)精料过多或运动不足,致使母猪过胖。

(3)母猪泌乳过多。

(4)突然改变母猪的生活环境。

(5)气温骤变,寒冷或炎热。

(6)母猪患全身性疾病及子宫、卵巢疾病等。

2. 防治

(1)绒毛膜促性腺激素 500~1 000 IU 用法:一次肌肉注射,间隔 1~2 d 再用 1 次。

(2)健康孕马血清或全血 10~15 mL 用法:一次皮下注射,次日或隔日再注射一次。

(3)褥灌注液 20~30 mL。用法:子宫内灌注,隔 10 d 再用 1 次。

(4)催情散:淫羊藿 6 g,阳起石 6 g,当归 5 g,香附 5 g,菟丝子 3 g,益母草 6 g,用法:煎汤灌服,用法:煎汤灌服,每天 1 次,连用 2~3 剂。

（二）持久黄体

1. 病因

(1)饲料单一,营养不全,缺乏维生素和无机盐以及运动不足等,可使卵巢机能减退,引起持久黄体。

(2)由于垂体前叶分泌的卵泡刺激素不足,促黄体持续的时间超过正常的时间,导致卵泡的生长发育和成熟受到抑制,因而性周期停止并引起不孕。

(3)患有子宫内膜炎、子宫积浓、子宫内有死胎、子宫弛缓及子宫肿瘤等疾病,也可影响黄体退缩而成为持久黄体。

2. 防治

首先应消除病因,以促使黄体自行消退。为此,必须根据具体情况改善饲养管理措施,若伴有子宫疾病,则应首先治疗子宫疾病。

（1）肌肉注射促卵泡生成素 100～200 IU,2 d 1 次,连续 2 次。

（2）前列腺素及其类似物 1～2 mg,肌肉或皮下注射,或子宫灌注,绝大多数可以 2～3 d 内发情。

（3）三合激素每千克体重 0.2 mL 肌肉注射。

（4）前列腺激素 5 mL,加 20 mL 生理盐水灌注子宫。

（5）用氦氖激光照射交巢穴,每次 10 min,每天 1 次,连续 3 d。

（三）卵巢囊肿

1. 病因

饲养管理不当或因某些疾病致使脑垂体前叶所分泌的促黄体素不足或促卵泡素分泌过多。卵泡囊肿是由于发育中的卵泡上皮变性,卵泡壁结缔组织增生,卵细胞死亡,卵泡也未被吸收或增多而形成。黄体囊肿是由于未排卵的细胞壁上皮发生黄体化,或者排卵后由于某些原因而黄体化不足,在黄体内形成空腔和液体聚集形成。卵泡囊肿较黄体囊肿多发。

2. 防治

在改善饲养管理的基础上,选用以下方法治疗效果较好:

（1）肌肉注射黄体酮 15～25 mg,每日或隔日 1 次,连用 2～7 次。

（2）肌肉注射绒毛膜促性腺激素 500～1 000 IU。

（3）静脉或皮下注射促黄体激素 5 mg ,临时用 5 mL,灭菌生理盐水溶解,可在 1～4 周内重复注射。

（4）肌肉注射或子宫灌注前列腺素类似物 3～4 mg,一般可于注射后 1～3 d 内出现发情。

三、疾病性不孕

（一）输卵管炎

1. 病因

主要是在子宫内膜炎、腹膜炎时,细菌侵入输卵管而引起;炎性分泌物极其有害成分可直接危害精子或卵子,严重时发炎管腔变狭窄,甚至闭锁。一侧发炎时可能仍有繁殖力,两侧时常表现为屡配不孕。通常分为 2 种:

（1）粘连性输卵管炎　由于管腔发炎阻塞和粘连,炎性渗出物积聚,而使输卵管形成囊泡。

（2）化脓性输卵管炎　由于宫腔积聚脓汁。直检时,重症的输卵管肥厚、硬结,有时如硬绳索状;并发输卵管水肿时管腔阻塞,并具有大小不一的囊泡;若有积脓触摸时有疼痛反应。

2. 防治

(1)内服或肌肉注射已烯雌酚或肌肉注射雌二醇 3～10 mg。

(2)肌肉注射黄体酮或复方黄体酮 15～5 mg,必要时间隔 5～10 d 可重复注射。

(3)肌肉注射绒毛膜促性腺激素 500～1 000 IU。

(4)皮下或静脉注射 PMSG 200～1 000 IU。

(5)补液结合抗生素治疗效果更佳。

(6)确诊为两侧输卵管炎的母猪,应予以淘汰。

(二)子宫内膜炎

1. 病因

引起子宫内膜炎的原因,主要是:

(1)人工授精时不遵守操作程序及消毒不严或精液被污染。

(2)正常分娩的助产或难产手术时遭到感染。

(3)自然交配时公猪生殖器或精液内有炎性分泌物。

(4)母猪过度瘦弱,子宫黏膜损伤及母猪抵抗力降低,其生殖道内的非致病菌的侵染等。

2. 防治

(1)应使猪舍保持干燥,临产时地面上可铺清洁干草,发生难产后助产时应小心谨慎。取完胎儿、胎衣,应用弱消毒溶液清洗产道,并注入抗菌药物。人工授精要严格遵守消毒规则。

(2)在炎症急性期首先应清除积留在子宫内的炎性分泌物,选用 1% 盐水、0.02%新洁尔灭溶液或 0.1%高锰酸钾溶液冲洗子宫。冲洗后必须将残存的液体排净。最后,向子宫内注入 20 万～40 万 IU 青霉素或 1 g 金霉素(金霉素 1 g 溶于20～40 mL 注射水中)。

(3)对患慢性子宫内膜炎的母猪,用青霉素 20 万～40 万 IU、链霉素 100万 IU,混于高压灭菌的植物油 20 mL 中,向子宫内注入,每日或隔日 1 次。为了促使子宫蠕动加强,有利于子宫腔内炎性分泌物的排出,亦可使用子宫收缩剂,皮下注射垂体后叶素 20～40 IU。

(4)全身疗法可用抗生素或磺胺类药物。肌肉注射青霉素 40 万～80 万 IU/次、链霉素 100 万 IU/次,2 次/d。肌肉注射金霉素或土霉素盐酸盐,每千克体重40 mg,2 次/d。肌肉注射或静注磺胺嘧啶钠每千克体重 0.05～0.1 g,2 次/d。

(5)黄柏、苦参、龙胆草、穿心莲、益母草各等量,炮制成浸膏。一次注入子宫内40 mL(内含中药各20 g),隔2 d 1次,连用2～3次。此外,可内服中药完带汤。

(6)子宫内注入15-甲基前列腺素 $F_{2\alpha}$ 也有较好效果。2～4 mg/次,1次/12 h。

(三)阴道炎

1. 病因

通常是在夜晚分娩、助产及阴道检查时,受到损伤和感染而发生。此外,在胎衣不下、阴道脱出、子宫脱出和子宫内膜炎等疾病中,也可继发阴道炎。

2. 防治

(1)用2%温 $NaHCO_3$ 溶液、1%～2% $NaHCO_3$ 生理盐水、温碘溶液(1 000 mL 蒸馏水中加入20～30滴碘酊)、2%～5%温高渗 $NaCl$ 溶液、3%双氧水溶液、0.01%～0.05%新洁尔灭溶液中冲洗阴道,冲洗后在阴道壁上涂以碘甘油、青霉素软膏或磺胺软膏等。

(2)有全身症状的重剧炎症,应采用抗菌消炎、强心补液、解毒等对症处置措施。

四、营养性不孕

(一)病因

1. 蛋白质长期供应不足

不足可使膘情下降而且新陈代谢发生障碍,其中包括生殖系统机能性或变性性变化。常表现为一侧或两侧卵巢萎缩、持久黄体、发情排卵都不明显。

2. 碳水化合物供应不足

碳水化合物是母猪能量的源泉,而且参与生殖器官、子宫黏液的分泌,如碳水化合物供应不足也可引起蛋白质代谢障碍,使机体内酸碱平衡失调。主要表现为性周期紊乱、卵巢萎缩,通常无卵泡成熟,有时出现持久黄体或卵巢囊肿。

3. 缺乏维生素和矿物质

维生素A不足或缺乏,可使子宫内膜上皮变性角质化,胚胎着床受阻,卵细胞及卵泡上皮变性;维生素E缺乏时,发情周期失调,并且生殖腺变性;维生素D缺乏时,可影响钙磷代谢引起不孕。磷缺乏时,可使卵巢机能受到影响,阻碍卵泡的生长和成熟,表现为无情期;钙不足时,可影响子宫的紧性,而易发生感染;钙不足,磷过多时可引起卵巢萎缩,质地坚硬,发情后生殖器官出血严重,排卵延迟、受胎率低。

4. 矿物质缺乏

对不孕有影响的主要是钙、磷。

5.蛋白质过多和体况过肥

长期饲喂过量的蛋白质和脂肪性饲料,且矿物质、维生素供应缺乏,运动不足,会造成不孕。过肥时,脂肪在卵巢及其周围大量沉积、导致卵泡发生脂肪变性,出现持久黄体,有的虽性周期正常,但屡配不孕,当高能量、高蛋白饲养时,往往出现卵巢囊肿。

(二)防治

加强饲养管理,合理搭配饲料,供给充足的蛋白质、碳水化合物、维生素和矿物质等营养全价的配合日粮。

除此以外,还有受精紊乱不孕、繁殖技术性不孕、气候水土性与衰老性不孕等。

总之,在实际生产中,避免近亲交配繁殖,注重品种选育,加强饲养管理,供给优质全价配合料,发现不孕母猪,及时查找原因,针对不同情况采取综合防治措施予以解决,增强其繁殖性能。

技能训练

奶牛繁殖疾病的治疗

(1)训练准备　各种生殖激素、相关药品、注射器。

(2)操作过程

工作环节	操作规程	操作要求
卵巢机能减退治疗	①绒毛膜促性腺激素 500～1 000 IU 用法:一次肌肉注射,间隔 1～2 d 再用 1 次 ②健康孕马血清或全血 10～15 mL 用法:一次皮下注射,次日或隔日再注射一次 ③褥灌注液 20～30 mL。用法:子宫内灌注,隔 10 d 再用 1 次 ④催情散:淫羊藿 6 g,阳起石 6 g,当归 5 g,香附 5 g,菟丝子 3 g,益母草 6 g。用法:煎汤灌服,用法:煎汤灌服,每天 1 次,连用 2～3 剂	会用各种方法治疗
持久黄体治疗	①肌肉注射促卵泡生成素 100～200 IU,2 d 1 次,连续 2 次 ②前列腺素及其类似物 1～2 mg,肌肉或皮下注射,或子宫灌注,绝大多数可以 2～3 d 内发情 ③三合激素每千克体重 0.2 mL 肌肉注射 ④前列腺激素 5 mL,加 20 mL 生理盐水灌注子宫	会用各种方法治疗

续表

工作环节	操作规程	操作要求
输卵管炎治疗	①内服或肌肉注射己烯雌酚或肌肉注射雌二醇 3～10 mg ②肌肉注射黄体酮或复方黄体酮 15～25 mg,必要时间隔 5～10 d 可重复注射 ③肌肉注射绒毛膜促性腺激素 500～1 000 IU ④皮下或静脉注射 PMSG 200～1 000 IU ⑤补液结合抗生素治疗效果更佳	会用各种方法治疗
子宫内膜炎治疗(1)	①在炎症急性期首先应清除积留在子宫内的炎性分泌物,选用 1%盐水、0.02%新洁尔灭溶液或 0.1%高锰酸钾溶液冲洗子宫。冲洗后必须将残存的液体排净。最后,向子宫内注入 20 万～40 万 IU 青霉素或 1 g 金霉素(金霉素 1 g 溶于 20～40 mL 注射水中)	会用各种方法治疗
	②对患慢性子宫内膜炎的母猪,用青霉素 20 万～40 万 IU,链霉素 100 万 IU,混于高压灭菌的植物油 20 mL 中,向子宫内注入,每日或隔日 1 次。为了促使子宫蠕动加强,有利于子宫腔内炎性分泌物的排出,亦可使用子宫收缩剂,皮下注射垂体后叶素 20～40 IU	会用各种方法治疗
	③全身疗法可用抗生素或磺胺类药物。肌肉注射青霉素 40 万～80 万 IU/次,链霉素 100 万 IU/次,2 次/d。肌肉注射金霉素或土霉素盐酸盐,每千克体重 40 mg,2 次/d;肌肉注射或静注磺胺嘧啶钠每千克体重 0.05～0.1 g,2 次/d ④黄柏、苦参、龙胆草、穿心莲、益母草各等量,炮制成浸膏。一次注入母宫内 40 mL(内含中药各 20 g),隔 2 d 1 次,连用 2～3 次。此外,可内服中药完带汤 ⑤子宫内注入 15-甲基前列腺素 $F_2\alpha$ 也有较好效果。2～4 mg/次,1 次/12 h	
黄体囊肿的治疗	①激素治疗。前列腺素及其类似物是治疗本病最理想的药物,治愈率和怀孕率可达 90%以上,其用量同于治疗持久黄体。还可用促黄体素释放激素类似物或绒毛膜促性腺激素进行治疗。也可用催产素进行治疗(肌肉注射 400 单位,分 4 次给予,每隔 2 h 1 次) ②手术治疗。即通过直肠挤破或刺破黄体囊肿	会用各种方法治疗

续表

工作环节	操作规程	操作要求
排卵延迟及不排卵的治疗	对排卵延迟及不排卵的患牛,除改善饲养管理条件外,可应用激素进行治疗 ①当牛出现发情症状时,立即注射促黄体素 200～300 单位或黄体酮 50～100 mg,可起到促进排卵的作用 ②对于确知由于排卵延迟或不排卵而屡配不孕的母牛,在发情早期,可注射雌激素(己烯雌酚 20～25 mg),晚期注射黄体酮,也可起到较好的治疗效果	会用各种方法治疗
子宫内膜炎的治疗(2)	子宫冲洗: ①防腐消毒药,如 0.1%高锰酸钾、0.1%雷夫奴尔、0.05%来苏儿、0.1%新洁尔灭、0.1%稀碘液等。对症状较轻的化脓性子宫内膜炎和非化脓性子宫内膜炎多选用 1%～10%盐水、1%小苏打、生理盐水及抗生素水溶液进行子宫冲洗	会用各种方法治疗
	②剂量,一般一次冲洗量为 200 mL 左右(一次注入量不宜过大),注入导出,反复冲洗,直到清洗液清量为止,可连续冲洗 2～3 d,等子宫干净后可子宫内灌注抗生素类药物,等下次发情时观察发情情况。冲洗液的温度要保持在 40℃(38～42℃) ③对于隐性子宫内膜炎,可在发情配种前 2 h,用生理盐水 200～500 mL 冲洗子宫,随后注入青霉素 80 万～100 万单位、链霉素 100 万单位,然后配种可提高受胎率	会用各种方法治疗
阴道炎治疗	①用 2%温 $NaHCO_3$ 溶液、1%～2% $NaHCO_3$ 生理盐水、温碘溶液(1 000 mL 蒸馏水中加入 20～30 滴碘酊)、2%～5%温高渗 NaCl 溶液、3% H_2O_2 溶液、0.01%～0.05%新洁尔灭溶液冲洗阴道,冲洗后在阴道壁上涂以碘甘油、青霉素软膏或磺胺软膏等 ②有全身症状的重剧炎症,应采用抗菌消炎、强心补液、解毒等对症处置措施	会用各种方法治疗

(3)作业　记录操作过程。

项目三　羊的繁殖技术

【项目目标】

1. 熟悉母羊的初情期、性成熟、初配年龄。

2. 掌握母羊的发情、发情周期、发情持续期及排卵时间。

3. 掌握母羊的发情鉴定技术。

4. 熟悉羊采精前的准备工作。

5. 掌握羊的假阴道采精法。

6. 掌握羊的采精频率。

7. 熟练掌握精子的外观检查和显微镜检查法。

8. 熟悉母羊适宜的输精时间、输精量。

9. 掌握母羊的输精方法。

10. 了解母羊分娩预兆。

11. 掌握母羊分娩各阶段的特征。

12. 知道助产应做好哪些准备工作。

13. 掌握正确的助产方法。

14. 了解难产的原因及种类。

15. 掌握难产检查方法。

16. 了解难产的救助原则。

17. 掌握难产的操作技术。

18. 了解羊的流产、卵巢囊肿、子宫内膜炎、睾丸炎等病的临床表现、病理剖检特征，以及防治方法。

任务一 母羊的发情鉴定技术

【知识目标】

1. 熟悉母羊的初情期、性成熟、初配年龄。
2. 掌握母羊的发情、发情周期、发情持续期及排卵时间。
3. 掌握母羊的发情鉴定技术,判断输精或配种时间。
4. 熟悉母羊生殖器官各部分的自然位置、形状、质地及相互关系,为通过直肠检查鉴定母畜发情状态、妊娠及生殖器官疾病诊断奠定基础。
5. 主要掌握直肠检查要领、触摸卵巢的方法及卵巢的形态、大小等感觉,掌握子宫的触摸方法。

【能力目标】

能够鉴定发情母羊,准确判断配种时间。

【基础知识】

一、母羊的性发育阶段

性机能的发育过程是一个从发生、发展到衰老的过程。母羊性机能的发展过程一般分为初情期、性成熟期、体成熟及繁殖机能停止期(指停止繁殖的年龄)。另外,为了指导生产实践,还有一个初配适龄问题,每期的确切年龄因品种、饲养管理及自然环境条件等因素而有所不同,就是同一品种,也因个体生长发育及健康状况不同而有所差异。

(一)初情期

1. 概念

初情期指的是母羊初次发情和排卵的时期,是性成熟的初级阶段,是具有繁殖能力的开始。这时的生殖器官尚未发育成熟,仍在继续生长发育,虽然具有发情症状,但是这时的发情表现是不完全的,发情周期是不正常的,经过一定时期才能达到性成熟。

初情期以前,母羊的生殖道和卵巢增长缓慢。随着母羊年龄的增长而逐渐增大,当达到一定年龄和(或)体重时,即出现第一次发情和排卵,这就是到了初情期。在这之前,卵巢也有生长卵泡,但后来退化闭锁而消失,接着新的生长卵泡又出现,最后又退化,如此反复进行,直到初情期开始,卵泡才能生长成熟以至排卵。

这与下丘脑—垂体—卵巢轴的生长和分泌机能有关。在初情期前,垂体生长很快,同时对下丘脑的促性腺激素释放激素已有反应能力。初情期时,释放到血液中的促性腺激素的量有所增长,从而引起卵巢的卵泡发育,随着卵泡的增长和成熟,卵巢的重量增加,同时,卵泡分泌雌激素到血液中,刺激生殖道的生长和发育(图 3-1)。

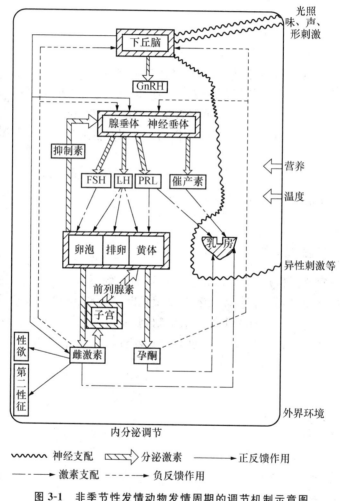

图 3-1　非季节性发情动物发情周期的调节机制示意图

有的母羊第一次发情,往往有安静发情现象,即只排卵而没有发情症状,这可能是因为在发情前需要少量孕酮,才能使中枢神经系统适应于雌激素刺激而引起发情,但是在初情期前,卵巢中没有黄体存在,因而没有孕酮分泌,所以往往就只排卵而不发情。

2. 绵羊和山羊的初情期年龄

一般为 4～8 月龄。但也会因为品种、气候、营养、出生季节等因素影响而有所些差别。例如早春出生的绵羊,在秋季发情季节时便可开始第一次发情,而在晚春或早夏出生的,则要等到第 2 年秋季发情季节时才发情。为了提高绵羊的繁殖率,必须抓紧发情季节配种,使羔羊在早春出生,当年即可参加配种。

(二)性成熟

1. 概念

羊的性成熟是一个过程,概念上与初情期有所不同,但有时两者混用,如果把性成熟理解为生殖机能发育的某一特定时期,它是在初情期后的较晚时候,即生殖机能达到了比较成熟的阶段。此时生殖器官已发育完全,具备了正常的繁殖能力。但此时身体的生长发育尚未完成,故一般羊种尚不宜配种,以免影响母羊本身和胎儿的生长发育。

2. 羊的性成熟年龄

正常情况下母羊的性成熟年龄是 6～10 月龄。

(三)初配适龄

1. 概念

即母羊第一次适于配种的年龄。羊的初配适龄应根据其具体生长发育情况而定,不宜一概而论,一般比性成熟晚些,在开始配种时的体重为其成年体重的 70%左右。

2. 母羊的初配适龄

一般的初配适龄是 1.0～1.5 岁。

二、母羊的发情周期

1. 发情周期的概念

母羊到了初情期后,生殖器官及整个机体发生一系列周期性的变化,这种变化周而复始(非发情季节及妊娠母羊除外),一直到性机能停止活动的年龄为止。这种周期性的性活动,称为发情周期。

2. 发情周期的计算

发情周期指从一次发情的开始到下一次发情开始的间隔时间,也有人从一次发情周期的排卵期到下一次排卵期计算。通常多采用前一种计算法。

3. 发情周期类型

(1)乏情期 绵羊及山羊的发情周期主要受神经内分泌所控制,但也受外界环境条件影响。绝大多数品种的发情有很强的季节性,它们只有在发情季节才能发情排卵,在非发情季节卵巢机能处于静止状态,不会发情排卵,称为乏情期。

(2)季节性多次发情 在发情季节期间,有多次发情周期,称为季节性多次发情。

4. 羊的发情季节及妊娠期

羊的发情周期之所以有季节性,是长期自然选择的结果。在未驯养前处在原始的自然条件下,只有在全年中比较良好的环境条件下产羔,才能保证其所生的幼羔能够存活。绵羊的发情季节是秋季,妊娠期为 5 个月,分娩季节为春季,有利于幼羔成活。

羊的发情季节并不是不变的,随着驯化程度的加深,饲养管理的改善,其季节性的限制也会变得不太明显,甚至可以变成没有季节性。一般绵羊的发情季节为秋季。

5. 发情周期阶段的划分

母羊在发情周期中,根据其机体发生一系列生理变化的情况可分为几个阶段,但阶段如何划分,说法不一,主要有两种:

(1)四分法 最早认为,母羊的发情周期是受卵巢分泌的激素所调解,但当时激素测定尚无完善方法,只能根据卵巢和阴道上皮细胞的变化来划分,分为间情期、发情前期、发情期和发情后期 4 个阶段。

发情前期:这是卵泡准备发育的时期。卵巢中的上一个发情周期所产生的黄体逐渐萎缩,新的卵泡开始生长;子宫腺体略有生长,生殖道轻微充血肿胀,腺体活动逐渐增加,母羊尚无性欲表现。

发情期:母羊已有性欲表现,外阴部充血肿胀,随着时间增长逐渐加强,发情盛期达到高峰;子宫角和子宫体充血,肌层收缩增强,腺体活动增加,流出黏液;子宫颈管道松弛;卵泡发育很快,多数在发情末期排卵。

发情后期:母羊由性欲激动转入静止状态;子宫颈管逐渐收缩,腺体分泌活动渐减,黏液分泌量少而黏稠;子宫内膜逐渐增厚,表层上皮较高,子宫腺体逐渐发育;卵泡破裂排卵后逐渐开始形成黄体。

间情期:又称休情期。母羊性欲已完全停止,精神状态恢复正常。早期,子宫体内膜增厚,表层上皮细胞呈高柱状,子宫腺体高度发育,大而弯曲且分支多,分泌活动旺盛;后期,增厚的子宫内膜回缩,呈矮柱状,腺体变小,分泌活动停止。在间情期,子宫颈的上皮细胞呈矮柱状,分泌黏液量少而黏稠;黄体已发育完全,故此期称为黄体活动时期。

乏情期:母羊在发情期中配种,如未受胎,则间情期持续一定时期后又进入发情前期。母羊无发情期活动的时期称为乏情期。如已受胎,母羊不再发情,称为妊娠乏情期,季节性发情的母羊,在非发季节,无发情表现,称为季节性乏情。母羊在泌乳期间无发情周期,称为泌乳期乏情。

(2)二分法　母羊在发情周期中,卵巢的卵泡和黄体交替存在,形成一个发情周期,因此可将发情周期分为卵泡期和黄体期(图3-2)。

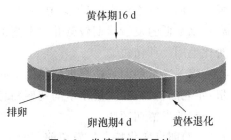

图3-2　发情周期图示法

卵泡期　指的是黄体开始退化到排卵的距离时间,在卵泡期,卵泡分泌雌激素,使子宫内膜增殖肥大,子宫颈上皮细胞呈高柱状,深层腺体分泌活动加强。流出大量黏液使阴道松弛,利于配种。

黄体期　卵泡破裂排卵后形成黄体,一直到黄体开始退化为止,称为黄体期。在黄体期中,黄体分泌的孕酮作用于子宫内膜,使其进一步生长发育,子宫内膜继续生长和增厚,血管增生,肌层继续肥大,子宫腺体分支弯曲,分泌活动增加,以便为受精卵的附植创造条件。

这样将发情周期分为卵泡期和黄体期,可以反映卵巢的卵泡变化情况,便于判定配种适期。第二种分期法的卵泡期,实际上包括发情前期和发情期,其长短因羊种不同而异,一般经历数日,黄体期则相当于发情后期和间情期,其长短也因羊种不同而异,约10 d。

6. 羊的发情周期特点

各种动物的发情周期都有其共性,亦有其个性,因此,必须了解其各自的特点,分别采取不同的管理措施,才能达到提高繁殖率的目的。发情周期及其有关参数列于表3-1中。

表3-1　发情周期有关参数的比较

项目	绵羊	山羊
发情周期/d	17	21
发情期/h	24~30	18~36
黄体期/d	14	
卵泡期/d	2~3	
排卵期	发情末期	
排卵数/个	1~2	1~3
卵子直径(μm,不含透明带)	147	
成熟卵泡直径/mm	5~10	

(1)发情周期和发情期　绵羊的发情周期较山羊短。发情季节的初期和晚期，发情周期长度不正常的较多，在发情季节的旺季，发情周期最短，此后逐渐变长。营养水平低的发情周期较营养水平高的发情周期长。品种间差异不明显，肉用品种比毛用品种稍短。

绵羊发情期的长短根据年龄的不同略有差异：当年出生的比较短，周岁左右一般，年老的较长；在发情季节的初期和晚期发情期较短；公、母羊经常在一起的比不在一起的发情期短些。

(2)卵巢变化特点　发情前期卵巢有 1 个或 1 个以上的卵泡发育。发情期卵泡的增长速度很快，卵泡壁变薄，血管增生，卵泡突出卵巢表面半球状。排卵前约 1 h，出现透明的圆形排卵点；排卵时此处形成锥状突起，卵泡在此破裂排卵。

排卵后，卵泡腔内并无出血现象，破口处被一小凝血块封闭，卵泡壁向内增长，排卵后 30 h 卵泡腔消失，形成黄体。排卵后 6～8 d，黄体达到最大体积，直径约 9 mm。黄体由粉红色逐渐变淡。母绵羊的发情周期短，黄体在排卵后 12～14 d 开始快速退化。

7. 繁殖能力停止期

母羊的繁殖能力有一定的年限，与品种、饲养管理以及健康状况有关。一般母羊的繁殖能力停止期：山羊 11～13 岁，绵羊 8～10 岁。当母羊丧失繁殖能力，应该淘汰。

三、影响母羊发情周期的因素

1. 光照

光照实际的变化对于绵羊性活动的影响比较明显。几乎所有品种羊的发情季节都在秋分至春分之间，发情季节的中期在接近一年中的光照时间最短的时期，这说明绵羊的性活动与光照时间长短关系很密切，在一年之中，发情季节开始于秋分（由长变短），结束于春分（由短变长）。逐渐缩短光照时间，可以促进绵羊发情季节的开始，因此，绵羊被认为是短昼繁殖动物。

2. 温度

温度对绵羊发情季节似乎也有影响，但其作用与光照比较是次要的。将绵羊在一个长时间内保持在恒定的高温或低温下，都会影响其发情季节的开始。

3. 饲料

饲料充足，营养水平高，则母羊的发情季节就可以适当提前；反之，就会推迟。这对于有发情季节性的母羊表现得更为明显。例如，绵羊在发情季节到来之前适当加强营养，进行催情补饲，不但可以使发情季节提前还可以增加双羔率的可能性。发情无季节性的品种,营养水平也会影响其发情周期,严重营养不良,会造成发情停止,或不正常发情,如发情表现不明显或虽然发情但不排卵,或者排卵延迟等;如果饲料充足,饲养管理完善,则发情排卵正常,受胎率也较高。

四、羊的发情鉴定方法

掌握母羊发情鉴定技术,确定适时输精时间是很重要的。但一般母羊发情开始时间很难判定,特别是绵羊。根据母羊发情晚期排卵的规律,可以采取早、晚两次试情的方法配种,早晨选出的母羊下午配种,第 2 天早上再复配一次。晚上选出的母羊到第 2 天早上第一次配种,下午进行复配,这样可以大大提高受胎率。母羊发情鉴定方法主要由试情法、外部观察法和阴道检查法。

（一）试情法

在配种期内,每日定时,早、晚各一次,将试情公羊放入母羊群中,让公羊自由接触母羊,挑出发情母羊,但不让试情公羊与母羊交配。

1. 试情羊管理

试情羊应挑选 2～4 岁身体健壮、性欲强的个体,试情期间适当添草补料,保证精力充沛。每周采精 1 次,以刺激性欲。

2. 试情准备

（1）系试情布 取长 60 cm、宽 40 cm 的细软布一块,四角缝上布带,拴在试情羊腰部,将阴茎兜住,但不影响行动和爬跨,可照常射精,但精液被试情布兜住,不能与母羊直接交配。每次试情完毕,要及时取下试情布,洗净晾干。试情时不能长时间使用同一公羊,应轮换使用。

（2）切除输精管 选择 1～2 岁健康公羊,在 4～5 月份进行手术。这时天气凉爽,无蚊蝇叮咬,伤口容易愈合。

手术方法:公羊左侧卧,由助手保定,术部消毒,在睾丸基部触摸精索,有坚实感,找到输精管,用拇指和食指捻转捏住,或用食指紧压皮肤,切开皮肤和靶膜,露出输精管,用消毒好的钳子将输精管带出创面,分离结缔组织和血管,剪去 4～5 cm 一段输精管。术口撒上抗生素粉剂,缝合伤口。重复另一侧输精管切除手术。手术后,公羊 2～3 d 即可恢复性欲和正常爬跨行为。由于输精管内残存的精子需要 6 周左右才能完全排净,在这之前要避免公羊接触母羊。为确保不发生错配,正式试情前最好采精一次,检查精液中有无精子存在。一切无误后,方可作正式试情羊公用。

（3）阴茎移位 通过手术剥离阴茎包皮的一部分,然后将其缝合在偏离原位置约 45°角腹壁上,待切口愈合形成瘢痕即可用于试情。

（4）佩戴着色标记 在试情公羊腹下佩戴一种专用的着色装置,当母羊接触公羊爬跨时,在母羊背上挤压装置留下着色标记。

3. 试情方法

采用直接试情法。把试情公羊放入母羊群,如果母羊已经发情,便会接受试情羊的爬跨。母羊群置于试情圈内。试情圈地面应干燥,大小适中。圈太小,会增加试情公羊的负担,圈太大易漏选、错选发情母羊。试情圈面积以每只 1.2～1.5 m² 为宜。

试情公羊的头数为母羊的 3％～5％,试情时可分批轮流使用。被试出的发情母羊迅速放在另一空圈内。试情结束后,最好选用另一头试情公羊,对全群挑出的发情母羊重复试情一次。试情期间,有专人在群中走动,把密集成堆或挤在圈角的母羊轰开。试情公羊不用时要圈好,不能混入母羊群中。

(二)外部观察法

直接观察母羊的行为症状和生殖器的变化来判断其是否发情,这是鉴定母羊是否发情最常用的方法。

发情母羊精神兴奋不安,用手按压臀部,不停摇尾,不时地高声哞叫,并接受其他羊的爬跨。同时,食欲减退,反刍停止,放牧时常有离群表现。发情母羊的外阴部及阴道充血、肿胀、松弛,并有黏液流出,发情前期,黏液清亮;发情晚期,黏液呈黏稠面糊状。这些发情表现,山羊比绵羊更为强烈。

(三)阴道检查法

将清洁、消毒的开膛器插入阴道,借助光线观察生殖器内的变化,如阴道黏膜的颜色潮红充血、黏液增多、子宫颈潮红、颈口微张开等,可判定母羊已发情。

技能训练

羊的发情鉴定

(1)训练准备　母羊畜(发情和不发情的各若干)、试情公羊、保定架、(绳)、开膛器、内窥镜、液体石蜡、长臂手套、脸盆、毛巾、额灯或手电筒、70％酒精等。

(2)操作规程

工作环节	操作规程	操作要求
外部观察法	发情母羊精神兴奋不安,不时地高声哞叫,并接受其他羊的爬跨。同时,食欲减退,放牧时常有离群表现。发情母羊的外阴部及阴道充血、肿胀、松弛,并有黏液流出,发情前期,黏液清亮,发情晚期,黏液呈黏稠面糊状	根据母羊的外部发情表现,准确判断母羊发情阶段、输精时间。早晨选出的母羊下午配种,第 2 天早上再复配一次。晚上选出的母羊到第 2 天早上第一次配种,下午进行复配

续表

工作环节	操作规程	操作要求
试情法	把试情公羊（输精管结扎或在公羊腹部上带上一块试情布）放入母羊群，根据母羊的行为表现判断母羊发情情况。被试出的发情母羊迅速放在另一空圈内	准确判断母羊发情情况、发情阶段、输精时间
阴道检查法	将内窥镜用70%酒精擦拭消毒，并涂上消毒的液体石蜡润滑。再将母羊牵到保定架内保定，用0.1%高锰酸钾溶液消毒外阴部，将开膣器插入阴道，借助光线观察生殖器内的变化，如阴道黏膜的颜色潮红充血、黏液增多、子宫颈潮红、颈口微张开等，可判定母羊已发情	准确判断母羊发情情况、发情阶段、输精时间。子宫颈口处黏液抹片镜检如果有羊齿类植物花纹可作为发情判断的参考

（3）作业

①记录羊发情鉴定的检查结果，分析其处于发情期的哪一阶段？

②母羊发情鉴定的主要方法和判断依据？

任务二　采　　精

【知识目标】

1. 熟悉羊的采精前的准备工作。

2. 掌握羊的假阴道采精法。

3. 掌握羊的采精频率。

【能力目标】

1. 能够熟练做好采精前的准备工作。

2. 能够熟练进行羊的采精操作。

【基础知识】

一、采精器械的准备与消毒

1. 器械准备

假台畜、假阴道、公羊电采精棒、乳胶手套、保温瓶、无菌纱布、温度计、漏斗、长柄钳、玻璃棒、搪瓷盘、集精瓶、贮精瓶等。

2. 器械消毒

经过洗涤的清洁器械和用具还需要进一步消毒,一般常用的有煮沸消毒、酒精擦洗消毒和火焰灭菌法、高压蒸汽灭菌法和干燥箱消毒等几种方法。

二、采精

山羊、绵羊目前均采用假阴道采精法。采精前,先要做好各项准备工作。

1. 假阴道的准备

假阴道包括外筒、内胎和集精杯 3 个部件,另外还有胶圈、气嘴活塞等附件。

(1)安装和消毒　检查所用的内胎有无损坏和沙眼,若完整无损时最好先放入开水中浸泡 3～5 min。新内胎或长期未用的内胎,必须用热肥皂水刷洗干净。安装时先将内胎装入外筒,并使其光面朝内,而且要求两头等长,然后将内胎一端翻套在外壳上,依同法套好另一端,此时注意勿使内胎扭转,并使之松紧适度,在两端分别用胶圈固定。用长柄镊子夹取 75％酒精棉球,从内向外旋转,勿留空间,待酒精挥发后,用生理盐水冲洗。最后将集精杯安装在假阴道的一端。

(2)灌注温水　左手握住假阴道的中部,右手用量杯或吸耳球将温水从气门孔灌入。水量约为外壳与内胎间容量的 1/2。最后装上带活塞的气嘴,并将活塞关好。

(3)涂抹润滑剂　用消毒玻璃棒取少许凡士林,由内向外均匀涂抹一薄层。涂抹深度占内腔长度的 1/3。

(4)调试温度和压力　从气嘴吹气加压,使涂凡士林一端的内胎壁合拢为三角形。用消毒的温度计插入假阴道内检查温度,以采精时达到 39～41℃为宜(青年不要超过 39℃),若过高或过低,可用热水或冷水调节。最后用纱布盖好入口,准备采精。

2. 采精台的制作

采精台是由平台和母羊固定架组成(图 3-3)。

3. 采精台和诱情程序

(1)采精用的采精台一般为发情母羊或去势公羊,结实、温顺即可。

(2)把公羊牵到采精现场后,用干净毛巾擦洗公羊阴茎周围,并剪去多余的长毛,不要立即让其爬跨母羊或台羊,应控制几分钟,并用公羊反复挑逗母羊,使公羊的性兴奋不断增加,待阴茎充分勃起并伸出时,再让公羊爬跨。

4. 采精方法

操作时要将发情羊或采精台保定确实,牵引公羊接近母羊,用发情母羊发出的信息刺激公羊,但必须防止交配,采精人员站在发情母羊右后方,右手持假阴道,并用食指固定集精杯,防止脱落,使假阴道入口向后,待公爬跨时迅速将假阴道口对

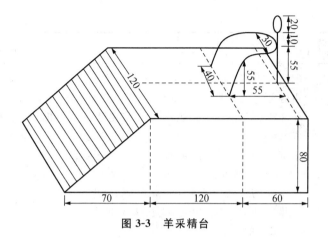

图 3-3 羊采精台

准公羊阴茎,保持一致,同时左手从公羊包皮外将阴茎牵引入假阴道内,但不可用手触及阴茎,以免采精失败,或形成公羊恶癖。要尽量使假阴道与阴茎形成直线,不能向下弯曲。公羊有前冲动作即为射精。公羊射精后,待其从母羊身上退下后取下假阴道,垂直拿到操作室,先放去假阴道内胎的气,然后取下集精杯,送往精液处理室作精液品质检查。

5. 采精频率

在配种季节,公羊每天可采精 2~3 次,每周采精 5~6 d,休息 1~2 d。

技能训练

羊的采精技术

(1)训练准备 公畜、假台畜、假阴道、公羊电采精棒、乳胶手套、保温瓶、无菌纱布、温度计、漏斗、长柄钳、玻璃棒、搪瓷盘、集精瓶、贮精瓶、凡士林、热水等。

(2)操作规程

工作环节	操作规程	操作要求
假阴道的安装	①检查。先检查外壳和内胎是否有裂口、破损、沙眼等。出现问题应及时更换 ②清洗。用洗洁精或去污剂清洗内胎等,然后再用清水清洗 ③安装。将内胎的粗糙面朝外,光滑面朝里放入外壳内,用内卷法和外翻法将内胎套在外壳上,用胶圈固定,要求松紧适度,不扭曲	在采精前应该先将假阴道安装、消毒、调温、润滑、调节压力等准备工作做好,由采精技术员示范,学生分组操作

续表

工作环节	操作规程	操作要求
假阴道的安装	④消毒。使用前半小时,用70%酒精棉球由内向外,对内胎进行涂抹消毒;待酒精气味挥发后,用生理盐水冲洗一遍即可使用 ⑤灌水。由注水孔注入45～55℃的温水,水量为内外壳容量的2/3(500～1 000 mL),盖好胶塞 ⑥涂油。用玻璃棒蘸取少量液体石蜡或凡士林,由里向外在内胎上均匀涂抹,深度为外壳长度的1/2左右 ⑦调压。由气孔吹入气体,并用调节阀调节假阴道内的压力,使假阴道入口处呈"糖三角"状 ⑧测温。用水温计测定假阴道中间部位的温度,采精温度为38～40℃	在采精前应该先将假阴道安装、消毒、调温、润滑、调节压力等准备工作做好,由采精技术员示范,学生分组操作
公羊的采精法　假阴道法	①做好场地、台羊和假阴道的准备 ②将台羊放入配种架,做外阴的清洗、消毒 ③擦洗公羊包皮及尿道口 ④采精员蹲于台羊右侧,右手持假阴道,当公羊阴茎勃起并爬跨时,左手迅速轻托包皮将阴茎导入假阴道,公羊向前耸身时即为射精,将假阴道集精杯向下并取下假阴道,并盖上纱布 ⑤打开活塞,放气放水,使精液完全流入集精杯 ⑥将假阴道送回室内取下集精杯,检查精液品质	公羊射精比牛快,采精动作要迅速敏捷
电刺激法	①将公羊采取侧卧或呈侧卧式固定于特制的保定架内,也可站立保定 ②洗净包皮口,用两手配合从阴鞘内将阴茎导出,然后用一块纱布裹住阴茎的前端,防止其缩回	通电时间不可过强,以防引起排尿污染精液。当多次刺激仍不射精,应让公羊适当休息,并调整电极位置,做下一次尝试

续表

工作环节	操作规程	操作要求
公羊的采精法	电刺激法 ③将尿道突导入收集精液的带刻度的离心管中 ④将采精棒电极一端涂以润滑剂，插入肛门，适当调整好位置 ⑤按动开关通电 1～2 s，间隔 2 s 再进行第二次通电刺激。一般 2～3 次即可射精	通电时间不可过强，以防引起排尿污染精液。当多次刺激仍不射精，应让公羊适当休息，并调整电极位置，做下一次尝试

(3)作业　采精的基本条件是什么？公羊有什么特点？如何满足？

任务三　精液品质检查

【知识目标】

1.熟练掌握精子的外观检查。

2.熟练掌握精子的显微镜检查。

【能力目标】

1.能准确检查出精子活力分数，判断精液的优劣。

2.能够用估测法初步判断精子密度。

3.能够使用血细胞计数法准确计算出精子密度。

4.能够编制出透光度与精子密度对照表，并且能测出精子密度。

【基础知识】

检精室内的温度需保持在 20～25℃，检查方法包括外观检查和显微镜检查，检查项目一般有颜色、射精量、气味、精子密度、活力和畸形精子率等。

一、外观检查

1.颜色

精液采取后立即观察，正常精液一般为乳白色或浅乳黄色。其他颜色均为异常，如精液呈淡红色，表明混入血液，有可能是采精时误伤阴茎所致。精液发黄或发绿，可能混入尿液或脓液。精液灰色或棕褐色，表示生殖道内有可能被污染或混入某些感染物质。

2. 射精量

用有刻度的集精杯或输精器测定。公羊一次射精量平均为 1 mL(0.5～1.5 mL)。测定公羊射精量不宜凭一次观察值,而是以一定时期内多次射精量的平均值为准。射精量变动异常时,应检查采精技术,调整采精频率。

3. 气味

正常的精液一般无特殊气味或仅有精液特有的腥味,如有异常气味,不能用于输精。

4. 云雾状

用肉眼观察采集的精液,可以看到由于精子活动所引起的翻腾滚动,极似云雾的状态,由云雾的明显程度可以判断精子活力的强弱和密度的大小。

二、显微镜检查

一般用 200～600 倍的显微镜检查精子的活力和密度。

1. 精子活力

即精液中前进运动精子的百分数,是评定精液品质的重要指标。10%呈直线前进的为 0.1,20%呈直线前进的为 0.2,依此类推,1 分为满分,80%以上呈直线前进(0.8)的可用于输精。

2. 精子密度

即在一定单位体积(如 1 mL)内含有的精子数目,优质精液的精子密度应介于 20 亿～30 亿个/mL 之间。公羊精子的密度分密、中、稀 3 级,25 亿个/mL 以上为"密";20 亿～25 亿个/mL 为"中";15 亿个/mL 以下为"稀"。

显微镜下观察:精子遍布全视野,相互间的空隙小于 1 个精子长度,看不到单个精子活动情况为"密";精子与精子间的空隙相当于 1～2 个精子的长度,能看到单个精子活动为"中";精子与精子间空隙大于 2 个精子长度,视野中只有少量精子为"稀"。密度在中等以上的才能用于输精。检查精子密度的方法有计数法和比色法 2 种。

(1)计数法　采用血细胞计数器按红细胞计数方法计数精子数目,这一方法比较精确。操作步骤如下:

第一步,混匀精液,用红细胞吸管吸取精液到刻度 0.5(稀释 200 倍)或 1.0(稀释 100 倍)处;继续吸入 3%氯化钠溶液至刻度处,注意吸管内不能出现气泡,吸毕擦净吸管尖端。用拇指和食指按住吸管两端,上下翻转几次,使精液与氯化钠溶液充分混合。

第二步,检查前弃去吸管前端 4～5 滴稀释精液。

第三步,计算时盖上盖玻片,吸管尖沿空隙边缘滴下精液,顺盖玻片下面流入计算室,注意避免生成小气泡。

第四步,将显微镜调整到 400～600 倍,全视野覆盖计算室上 1 个大方格的刻线。计数室上共有 25 个大方格,计数的 5 个大方格取上、下、左、右、中各一个,即第 1、5、13、21、25 5 个大方格。

第五步,记下 5 个方格内的精子数。计数时遇有压线精子,只计入精子头部压线的;其次,四条边只计数上、左两边压线精子。

第六步,将 5 大格内精子总数乘以 1 000 万,即求得 1 mL 原精液的精子密度;为减少误差,取两次样品计数平均值。

(2)比色法 光电比色计数法是目前比较准确、快捷评定精子密度的一种方法。此法根据精子越多精液越浓,其透光率越低的特点,使用光电比色计通过发射光和透光程度来测定精子的密度。

测定时,首先将原精液稀释成不同比例,并用血细胞计数器计算其精子密度,制成标准管,用光电比色计测定其透光度,根据不同精子密度标准管的透光度,求出每相差 1％透光度的级差精子数,制成精子查数表。测定精液试样时,将原精液按一定比例稀释,根据其透光度查对精子查数表,从表中找出精液试样的精子密度。

在利用此法测定精子密度时,应避免精液内的细胞碎屑、血细胞和副性腺分泌的胶状物等干扰光性而造成误差。

每次采精后都要进行精液品质检查登记,以便评定种公羊的繁殖配种能力。表 3-2 为精液品质检查登记表。

表 3-2 羊精液品质检查登记表

品种	羊号	采精时间（年月日）	射精量/mL	色泽	气味	云雾状	密度	活率

技能训练

精液品质检查技术

(1)训练准备 显微镜、显微镜保温箱、红细胞吸管、血球计数板、盖玻片、蒸馏水、95％酒精、乙醚、5 mL 试管、1 mL 吸管、3％氯化钠、小试管、纱布等。

（2）操作规程

工作环节	操作规程	操作要求
精子活力检查	①平板压片。取载玻片一片,用自来水冲洗干净,再用蒸馏水冲洗,晾干。用干净滴管吸取1滴精液于载玻片上,然后再加1滴生理盐水于精液中,盖上盖玻片(防止出现气泡),放在镜下观察 ②悬滴法。取1滴精液于盖玻片上,迅速翻转使精液形成悬滴,置于凹玻片的凹窝内,即制成悬滴玻片。再把凹玻片放于400～600倍显微镜下观察。此法精液较厚,检查结果可能偏高	能准确检查出精子活力分数,判断精液的优劣
精子密度检查	①估测法。估测法通常结合精子活力检查来进行 a. 精子间的间隙小于1个精子长度为密 b. 相当于1～2个精子长度为中等 c. 大于2个精子长度为稀 ②血细胞计数法 a. 用3％氯化钠对精液进行稀释并杀死精子 b. 于显微镜下,从25个中方格中选取四角和中央5个计数,对于压线的精子,以精子头部为准,采用"上计下不计,左计右不计"的方法计数 c. 最后按公式进行计算,公式:1 mL原精液中的精子总数＝5个中方格内精子数×5(25个中方格)×10(1 mm³内精子数)×1 000(1 mL＝1 000 mm³)×稀释倍数 ③光电比色法 a. 事先将原精液稀释成不同倍数,用血细胞计数法计算精子密度,从而制成精液密度标准管,然后用光电比色计测定其透光度,根据透光求每相差1％透光度的级差精子数,编制成精子密度对照表备用 b. 测定精液样品时,将精液稀释80～100倍,用光电比色计测定其透光值,查表即可得知精子密度	估测法初步判断精子的密度 血细胞计数法准确计算出精子密度 编制出透光度与精子密度对照表。并且能测出精子密度

任务四　输　　精

【知识目标】

1. 熟悉母羊适宜的输精时间、输精量。

2. 掌握母羊的输精方法。

【能力目标】

1. 准确判断输精时间。

2. 快速准确进行精液解冻。

3. 能准确将精液输入子宫体以内,防止精液倒流。

【基础知识】

一、适时输精时间

自然发情母羊在发情后 8～12 h 第一次输精,间隔 8～12 h 进行第二次输精。

采用同期发情技术时,子宫颈输精时间在取出海绵羊栓后 55 h;子宫内输精则在取出海绵羊栓后 60～66 h 用冻精输精。

二、输精量

鲜精 0.05～0.1 mL,含直线前进运动的精子数不少于 5 000 万个;冷冻精液 0.1～0.2 mL,含直线运动的精子数不少于 2 000 万个。

三、输精方法

绵羊输精有阴道输精法、子宫颈输精法和子宫内输精法 3 种。阴道输精是将精液注入阴道内,一般用于阴道狭窄的幼龄绵羊。子宫颈输精是将精液注入子宫颈管内,这是一般常用的方法。子宫内输精是借助腹腔内窥镜将精液直接注入子宫角内。

1. 阴道和子宫颈输精

固定母羊,将羊的后肢抬高,先用湿布擦净母羊外阴,再用消毒液擦洗消毒干净。合拢开腔器,竖直插入阴户,缓缓推入阴道 10～13 cm 处,将开腔器做 90°旋转,平放,张开开腔器,张口角度适当,过大会刺激母羊。开腔器左右稍许下移,借助手电筒光源寻找子宫口,将输精器慢慢插入子宫颈口内 0.5～1 cm,将精液注入子宫颈内。

2. 子宫内输精

绵羊冷冻精液在生产上不如牛冷冻精液应用普遍,常规输精方法(子宫颈口输精),受胎率低(30%～50%),精液消耗量大(一个情期输精 3 次,一次 2 粒,每粒 0.1 mL),复配率高。澳大利亚 20 世纪 80 年代首先在生产中采用腹腔内窥镜子宫内输精技术,将精液直接输入两侧子宫角内,克服了绵羊子宫颈管道构造特殊、精子不易通过、影响受胎率的困难,受胎率可以提高到 50%～70%,而且只输精一次,每次1粒冻精,甚至更少。借助腹腔内窥镜进行绵羊子宫内输精,除受胎率高、精液用量少、优秀公羊可得到最大限度利用外,在研究母羊发情排卵规律、胚胎移植等工作中,腹腔镜技术也是不可少的。

3. 种公羊采精记录

主要记载采精日期和时间、射精量、精子活率、颜色、密度、精液稀释倍数、输精母羊号。

4. 母羊输精记录

主要记录输精母羊号、年龄、输精日期、输精类型、与配公羊号、精液稀释倍数。

技能训练

羊的输精技术

(1)训练准备　阴道开膣器、输精器、卡苏枪、输精胶管、注射器、75%酒精棉球、95%酒精、生理盐水、母畜、精液等。

(2)操作规程

工作环节	操作规程	操作要求
输精器械的清洗消毒	金属开膣器先以火焰消毒,再用75%酒精棉球消毒,塑料或有机玻璃可直接用75%酒精消毒。输精器用蒸煮消毒或75%酒精消毒,再用生理盐水冲洗2～3次	做好输精的准备工作,由技术员讲解操作,学生分组操作
发情鉴定	做好母畜的发情鉴定,检查有无生殖器疾病	能准确鉴定母羊是否发情
精液品质检查	鲜精液活率在0.6～0.7,冻精活率必须在0.3以上才能用于输精	能准确检查出精子活力分数,判断精液的优劣
输精操作	保定母羊,保定员将母羊尾巴向上拉起,输精员用开膣器打开阴道,找到子宫颈外口,而后把吸有精液的输精管沿着开膣器插入子宫颈口0.5～1.0 cm。慢慢注入精液,输精量为0.05～0.2 mL,输精完毕,小心取出输精器和开膣器,拍一拍母羊腰背部,以防精液倒流	能准确将精液输入子宫体以内,防止精液倒流。输精过程中,输精器不要握得太紧,要随着母羊的摆动而灵活伸入

(3)作业　根据母羊的输精特点,怎样输精才能提高受胎率?

任务五　分娩及助产

【知识目标】

1. 了解母羊分娩预兆。

2. 掌握母羊分娩各阶段的特征。

3. 了解助产应做好哪些准备工作。

4. 掌握正确的助产方法。

【能力目标】

1. 能够根据母羊的各方面的变化,来准确判断羊的大概分娩时段,充分做好分娩前的准备工作。

2. 认真观察整个分娩过程,做好难产等其他突发事件的应急处理。

3. 能够充分做好助产的准备工作。

4. 能够熟练给母羊助产。

【基础知识】

一、分娩

（一）分娩预兆

母羊分娩前,机体的一些器官在组织和形态方面发生了显著的变化,母羊的行为也与平时不同,这些变化是适应胎儿的产出和新生羔羊哺乳需要的机体特有反应。

1. 乳房变化

妊娠中期乳房开始增大,分娩前1~3 d,乳房明显增大,乳头直立,乳房静脉怒张,手摸有硬肿感,用手挤有少量黄色初乳,但个别在分娩后才能挤下初乳。

2. 外阴部变化

临近分娩时,母羊阴唇逐渐柔软、肿胀,皮肤上皱褶消失,阴门逐渐开张,有时流出浓稠黏液。骨盆韧带松弛,肷窝部下陷,以临产前2~3 h明显。

3. 行为变化

临近分娩前数小时,母羊表现精神不安,频频起卧,有时用蹄刨地,排尿次数增多,不时回顾腹部,喜卧墙角,卧地时两后肢向后伸直。

(二)分娩过程

1. 子宫开口期

子宫开口期也称宫颈开张期,简称开口期,是从子宫开始阵缩算起至子宫颈充分开大或能够充分开张为止。这一期仅有阵缩,没有努责。子宫颈变软、扩张。

开口期中,临产母羊都是寻找不易受干扰的地方等待分娩,其表现是食欲减退,轻微不安,时起时卧,尾根抬起,常作排尿姿势,并不时排出少量粪尿;脉搏、呼吸加快;前蹄刨地,咩叫;常舐别的母羊所生的羔。

2. 胎儿产出期

胎儿产出期简称产出期,是从子宫颈充分开大,胎囊及胎儿的前置部分楔入阴道或子宫颈已能充分开张,胎囊及胎儿楔入盆腔,母羊开始努责,到胎儿排出或完全排出(双胎及多胎)为止。在这一时期,阵缩和努责共同发生作用。先是胎儿通过完全开张的子宫颈渐渐进入骨盆腔,随后增强的子宫颈收缩力促使胎儿迅速排出。

生产母羊表现为极度不安。开始时常起卧,前蹄刨地,有时后蹄踢腹,回顾腹部,嗳气,弓背努责。继之,在胎头进入并通过盆腔及其出口时,由于骨盆反射而引起强烈努责,这时一般均侧卧,四肢伸直,腹肌强烈收缩。努责数次后,休息片刻,然后继续努责,这时脉搏加快,子宫收缩力强,持续时间长,几乎连续不断。

由于强烈阵缩与努责,胎膜带着胎水被迫向完全开张的产道移动,最后胎膜破裂,排出胎水。胎儿也随着努责向产道内移动,当间歇时,胎儿又稍退回子宫;但在胎头楔入盆腔之后,间歇时不能再退回。产出中期,胎儿最宽部分的排出需要较长的时间,特别是胎头,当通过盆腔及其出口时,努责最强烈,咩叫。在胎头露出阴门以后,母羊往往稍微休息。如为正生,随之继续努责,将胸部排出,然后努责即骤然缓和,其余部分也能迅速排出,脐带亦被扯断,仅将胎衣留在子宫内。这时母羊不再努责,休息片刻后站起来照顾新生羔羊。

产出期中,阵缩次数及持续时间增加。整个产出期阵缩可达 60 次或更多。与此同时,含有大量胎水的胎囊及胎儿的前置部分对子宫颈及阴道产生刺激,使垂体后叶催产素的释出骤增,引起腹肌及膈肌的强烈收缩。努责比阵缩出现得晚,停止得早,每次持续 $50 \sim 60$ s,但与阵缩密切配合,并且逐渐增强。通过这两种同时进行的强大收缩,特别是单胎,胎儿才能被排出。胎儿粗大部分通过骨盆的狭窄处时,努责十分强烈。这时有的母羊张口伸舌,呼吸促迫,眼球转动,四肢痉挛样伸直等,使人担心有发生危险的可能。但只要确定没有导致难产的反常,就不必急于进行处理。羊的脐带一般都是在胎儿排出时从皮肤脐环之下被扯断。羔羊的脐动脉因和脐孔周围的组织联系不紧,断后断端缩回腹腔,并在腹膜外组织内造成少量出血后封闭;脐静脉断端则留在脐孔处。

羊的努责一般均较缓和,但每次努责时间较长。努责开始后卧下,也可能时起时卧,至胎头通过骨盆坐骨上棘之间的狭窄部时才卧下,有的头胎甚至在胎头通过阴门时才卧下。

羊的胎膜大多数是尿膜绒毛先形成第一胎囊,达到阴门之外,其中的尿水为褐色。此囊破裂,排出第一胎水后,尿膜羊膜囊才突出阴门之外,成为第二胎囊,其膜的颜色淡白或微黄、半透明,上有少数细而直的血管,囊内有胎儿及白色水。努责及阵缩加强时,胎儿向产道的推力加大,羊膜绒毛膜囊在阴门外或阴门口处破裂,流出淡白色或微黄色的黏稠水(第二胎水)。有时羊膜绒毛膜先形成第一胎囊,并在阴门口内外破裂,露出不多;然后尿膜绒毛膜囊在胎儿产生过程中破裂。偶尔也有两个胎囊同时露出于阴门外的情况。不论哪一个胎囊先破裂,胎儿排出来时,身上都不会包被完整的膜,故无窒息之虑。

羊的胎盘为子叶型,其胎儿产生过程中胎儿胎盘和母羊体胎盘的联系仍然紧密,即使产出的时间较长,氧的供应仍有保证,胎儿不会很快死亡。胎儿的生产过程如图3-4所示。

3. 胎衣排出期

胎衣排出期是从胎儿排出后算起,到胎衣完全排出为止。它是通过胎盘的退化和子宫角的局部收缩来完成的。

胎儿排出之后,母羊即安静下来。几分钟后,子宫再次出现阵缩。这时不再努责或偶有轻微努责。阵缩持续的时间长,力量也减弱,胎衣排出的机制,主要由于胎儿排出并断脐后,胎儿胎盘血液大为减少,绒毛体积缩小;同时胎儿胎盘的上皮细胞发生变性。此外,子宫的收缩使母羊胎盘排出大量血液,减轻了子宫黏膜腺窝的张力。据报道,分娩时这种收缩能从胎儿胎盘中挤出相当于胎儿总量 20% 左右的血液,进入正在出生的羔羊体内。

产出的胎儿开始吮乳时,刺激催产素释出,它除了促进泌乳以外,也刺激子宫收缩。因此,二者间的间隙逐渐扩大,借外露胎膜的牵引,绒毛便容易从腺窝中脱落出来。因为母羊体胎盘血管不受到破坏,胎衣脱落时都不出血。

胎衣排出的快慢,与羊的胎盘组织构造有关。羊的胎盘属于上皮绒毛膜与结缔组织绒毛膜混合型,母子的胎盘结合比较紧密,同时子叶呈特殊的蘑菇状结构,子宫收缩不影响到腺窝。只有当母羊体胎盘组织的张力减轻时,胎儿胎盘的绒毛才能脱落下来,发生胎衣不下者也较多。但由于母羊体胎盘呈盂状(绵羊)或盘状(山羊),子宫收缩是能够使胎儿胎盘的绒毛受到排挤,故排出历时较短。

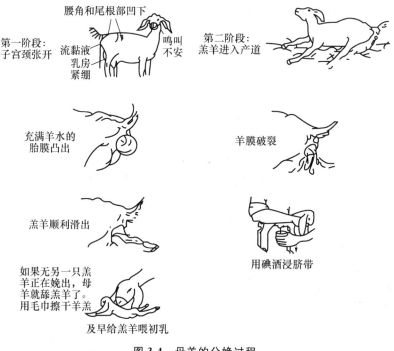

图 3-4　母羊的分娩过程

在胎衣排出期中,腹壁不再收缩(偶尔仍有收缩),子宫肌仍继续收缩数小时,然后收缩次数及持续时间才减少。子宫肌的收缩促使胎衣排出。子宫收缩是由子宫角尖端开始的,所以胎衣也是先从子宫角尖端开始脱离子宫黏膜,形成内翻,脱到阴门之外,然后逐渐翻着排出来。因而尿膜绒毛膜的内层总是翻在外面。在难产或胎衣排出延迟时,偶尔亦有不是翻着排出来的,这是由于胎儿胎盘和母羊体胎盘先完全脱离,然后再排出来的结果。怀双胎时,胎衣在两个胎儿出生以后排出来。山羊怀多胎时,胎衣在全部胎儿排出后一起或分次排出来。

二、助产

(一)助产的准备工作

1. 接羔棚舍及用具的准备

我国地域辽阔各地自然生态条件和经济发展水平差异很大,接羔棚舍(在较寒冷地区可用塑料暖棚)及用具的准备,应当因地制宜,不能强求一致。

产羔工作开始前 3~5 d,必须对接羔棚舍、运动场、饲草架、饲槽、分娩栏等进行修理和清扫,并用 3％～5％的碱水或 10％～20％的石灰乳溶液进行比较彻底的消毒。消毒后的接羔棚舍,应当做到地面干燥,空气新鲜,光线充足,挡风御寒。

接羔棚舍内科划分为大、小两处,大的一处放日龄较大的母羊子群;小的一处放刚刚分娩的母羊子。运动场内也应分成两处,一处圈母羊子群,羔小时白天可以留在这里,羔稍大时,供母羊子夜间停宿;另一处圈待产母羊。

2. 饲草、饲料的准备

在牧区,在接羔棚舍附近,从牧草返青时开始,在避风、向阳、靠近水源的地方用土墙、草坯或铁丝网围起来,作为产羔用草地,其面积大小可根据产草量、牧草的植物学组成以及群的大小、群品质等因素决定,但草量至少应当够产羔母羊一个半月的放牧为宜。

有条件的场及饲养户,应当为冬季产羔的母羊准备好充足的青干草、质地优良的农作物秸秆、多汁饲料和适当的精料等,对春节产羔的母羊,也应当准备至少可以舍饲 15 d 所需的饲草饲料。

3. 接羔人员的准备

接羔是一项繁重而细致的工作,因此,每群产羔母羊除主管牧工以外,还必须配备一定数量的辅助劳动力,才能确保接羔工作的顺利进行。

每群产羔母羊配备辅助劳力的多少,应根据群的品质、质量、畜群的大小、营养状况、经产还是出产母羊,以及接羔当时的具体情况而定。

产羔母羊群的主管牧工及辅助接羔人员,必须分工明确,责任落实到人。在接羔棚间,要求坚守岗位,认真负责地完成自己的工作任务,杜绝一切责任事故发生。对初次参加接羔的工作人员,在接羔前组织学习有关接羔的知识和技术。

4. 兽医人员及药品的准备

在产羔母羊比较集中的地方,应当设置临时兽医站,并准备在产羔期间所用的药品和器材。还应当安排值班人员,做到及时防治。

(二)助产

母羊正常分娩时,在膜破后 30 min 内,羔即可产出。正常胎位的羔出生时一般是两前肢及头部先出,并且头部紧靠在两前肢的上面(图 3-5)。若是产双羔,先后间隔 5～30 min,但也偶尔有长达数小时以上的。因此,当母羊产出第 1 头羔后,必须检查是否有第 2 头羔,方法是以手掌在母羊腹部前侧适力颠举,如是双胎,可触感到光滑的羔体。

在母羊产羔过程中,非必要时一般不应干扰,最好让其自行分娩出。但有的初产母羊因骨盆和阴道较为狭小,或双胎母羊在分娩第 2 头羔并已感疲乏的情况下,这时需要助产。

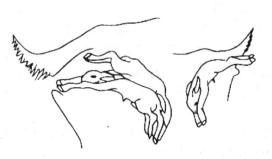

图 3-5 正常分娩胎位

其方法是：人在母羊体躯后侧，用膝盖轻压其肷部，等羔羊最前端露出后，用一手向前推动母羊会阴部，待羔羊头部露出后，再用一手托住头部，一手握住前肢，随母羊的努责向后下方拉出胎儿。若属胎势异常或其他原因的难产时，应及时请有经验的畜牧兽医技术人员协助解决。

羔羊产出后，首先把其口腔、鼻腔里的黏液掏出、擦净，以免因呼吸困难、吞咽水引起窒息或异物性肺炎。羔身上的黏液，最好让母羊舔净，这样对母羊认羔有好处。如母羊恋羔性弱时，可将胎儿身上的黏液涂在母羊嘴上，引诱它舔净羔身上的黏液，也可以在羔羊身上撒些麦麸，引导母羊舔食，如果母羊不舔或天气寒冷时，可用柔软干草迅速把羔羊体擦干，以免受凉。碰到分娩时间较长，羔羊出现假死情况时，欲使羔羊复苏，一般采用两种方法：一种是提起羔羊两后肢，使羔羊悬空，同时拍及其背胸部；另一种是使羔羊卧平，用两手有节律地推压羔羊胸部两侧。暂时假死的羔羊经过处理后即可苏醒。

羔羊出生后，一般情况下都是由自己扯断脐带。在人工助产下娩出的羔羊，可由助产者断脐带。断前可用手把脐带中的血向羔羊脐部捋几下，然后在离羔羊肚皮 3～4 cm 处剪断并用碘酒消毒。

母羊分娩后非常疲倦、口渴，应给母羊饮温水，最好加入少量的麦麸或红糖，母羊一次饮水量不要过大，以 300 mL 为宜，产后第一次饮水量过大，容易造成真胃扭转等疾病。

技能训练

羊的分娩与助产技术

（1）训练准备　临产母畜、消毒药物（酒精、碘酒等）、液体石蜡、肥皂、毛巾、剪刀、产科绳等。

（2）操作规程　分娩。

工作环节	操作规程	操作要求
分娩预兆	①乳房变化。妊娠中期乳房开始增大,分娩前1～3 d,乳房明显增大,乳头直立,乳房静脉怒张,手摸有硬肿感,用手挤有少量黄色初乳,但个别在分娩后才能挤下初乳 ②外阴部变化。临近分娩时,母羊阴唇逐渐柔软、肿胀,皮肤上皱褶消失,阴门逐渐开张,有时流出浓稠黏液。骨盆韧带松弛,肷窝部下陷,以临产前2～3 h明显 ③行为变化。临近分娩前数小时,母羊表现精神不安,频频起卧,有时用蹄刨地,排尿次数增多,不时回顾腹部,喜卧墙角,卧地时两后肢向后伸直	根据分娩母畜的种类和数量,将学生分组,由教师边讲解,边观察,边操作 能够根据母羊的各方面的变化,来准确判断羊的大概分娩时段,充分做好分娩前的准备工作
分娩过程	子宫开口期 开口期中,临产母羊都是寻找不易受干扰的地方等待分娩,其表现是食欲减退,轻微不安,时起时卧尾根抬起,常作排尿姿势,并不时排出少量粪尿;脉搏、呼吸加快;前蹄刨地,咩叫;常舔别的母羊所生的羔羊 胎儿产出期 生产母羊表现为极度不安。开始时常起卧,前蹄刨地,有时后蹄踢腹,回顾腹部,嗳气,弓背努责。继之,在胎头进入并通过盆腔及其出口时,由于骨盆反射而引起强烈努责;这时一般均侧卧,四肢伸直,腹肌强烈收缩。努责数次后,休息片刻,然后继续努责;这时脉搏加快,子宫收缩力强,持续时间长,几乎连续不断	认真观察整个分娩过程,做好难产等其他突发事件的应急处理

助产。

工作环节	操作规程	操作要求
助产的准备工作	接羔棚舍准备:产房干燥清洁,地面平整,上铺垫草,临产母羊在预产期1～2周送入产房 药械准备:注射器、产科器械、止血钳、镊子、剪子、绷带、体温计、听诊器、棉花、纱布、肥皂、脸盆、毛巾、75%酒精、碘酊、0.1%煤酚皂液及消炎粉等 接羔人员的准备:熟悉母畜的分娩规律	认真、细致做好所有准备工作,并且掌握母羊的分娩规律、有高度的责任心 认真监视分娩过程,当母畜出生临产症状时,及时做好临产处理准备

续表

工作环节	操作规程	操作要求
助产	人在母羊体躯后侧,用膝盖轻压其肷部,等羔最前端露出后,用一手向前推动母羊会阴部,待羔头部露出后,再用一手托住头部,一手握住前肢,随母羊的努责向后下方拉出胎儿	动作轻柔准确
羔羊护理	羔羊产出后,首先把其口腔、鼻腔里的黏液掏出、擦净,以免因呼吸困难、吞咽水引起窒息或异物性肺炎。羔羊身上的黏液,最好让母羊舔净,这样对母羊认羔羊有好处。如母羊恋羔性弱时,可将胎儿身上的黏液涂在母羊嘴上,引诱它舔净羔羊身上的黏液,也可以在羔羊身上撒些麦麸,引导母羊舔食。如果母羊不舔或天气寒冷时,可用柔软干草迅速把羔羊体擦干,以免受凉	保证胎儿呼吸通畅
脐带处理	羔羊出生后,一般情况下都是由自己扯断脐带。在人工助产下娩出的羔羊,可由助产者断脐带。断前可用手把脐带中的血向羔羊脐部捋几下,然后在离羔羊肚皮 3～4 cm 处剪断并用碘酒消毒	脐带处理准确,避免感染
检查胎膜	检查排出胎膜,胎膜排出后,应检查是否完整,并从产房及时移出,防止母畜吞食胎膜	及时检查胎膜排出情况
母羊护理	母羊分娩后非常疲倦、口渴,应给母羊饮温水,最好加入少量的麦麸或红糖,母羊一次饮水量不要过大,以300 mL 为宜,产后第一次饮水量过大,容易造成真胃扭转等疾病	严格控制饮水量

(3)作业　记录你所观察到的分娩预兆和分娩过程。

任务六　难　　产

【知识目标】

1. 了解难产的原因及种类。
2. 掌握难产检查方法。
3. 了解难产的救助原则。

4.掌握难产的操作技术。

【能力目标】

1.做好难产的检查工作。

2.判定难产的类型,及时果断地做好难产的处理。

【基础知识】

一、难产的原因和种类

由于发生的原因不同,常见的难产可分为产力性难产、产道性难产和胎儿性难产3类。前两类是由母羊分娩异常所引起的,后一类是胎儿的异常所造成。现分述如下。

1.母羊分娩异常

母羊分娩异常主要包括产道性难产与产力性难产,其中引起难产的常见原因有产道狭窄,包括子宫捻转、子宫颈狭窄及闭锁、阴道及阴门狭窄、骨盆狭窄(幼稚、骨折、畸形及肿瘤等);此外还有产道干燥(干产)。

2.胎儿性难产

(1)胎儿与骨盆大小不相适应 如胎儿过大、双胎难产(两胎同时楔入产道)、胎儿畸形发育及发育异常。

(2)胎儿姿势不正 各种胎儿姿势不正见图3-6。

正生时:头部姿势不正,如头颈侧弯、头向后仰、头向下弯和头颈捻转;前肢姿势不正,如前肢腕部前置、前肢肘关节屈曲、肩部前置和前肢置于颈上,分一侧性和两侧性。

侧生时:一侧或两侧性后肢跗部前置,一侧或两侧性坐骨前置。

(3)胎儿位置不正

下位:正生下位,倒生下位。

侧位:正生侧位,倒生侧位。

(4)胎儿方向不正

竖向:腹部前置的竖向,背部前置的竖向。

横向:腹部前置的横向,背部前置的横向。

上述两类难产中,以胎儿性难产为多见,而在胎儿异常之中,羊的胎儿又因头颈及四肢较长,容易发生姿势异常,其中最常见的是头颈侧弯和前肢(一侧或双侧)异常。此外,有些难产并不单独发生,有时某一种难产可能伴有其他异常。例如头颈侧弯时,前肢可能同时发生腕部或肩部前置。

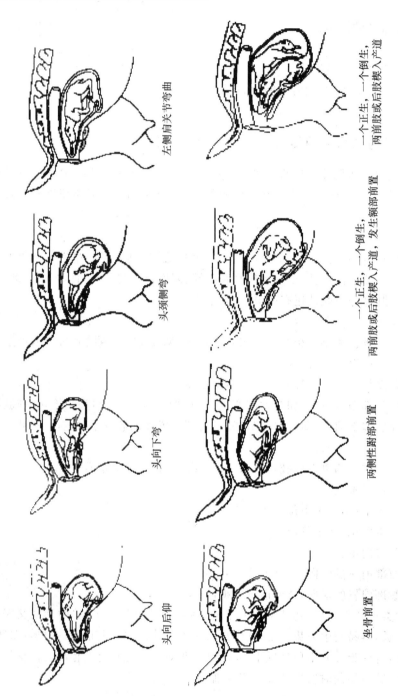

左侧情关节弯曲

头颈侧弯

头向下弯

头向后仰

一个正生，一个倒生，
两前肢或后肢楔入产道

一个正生，一个倒生，发生额部前置
两前肢或后肢楔入产道

两侧性胸部前置

坐骨前置

图3-6　胎儿姿势不正图（一）

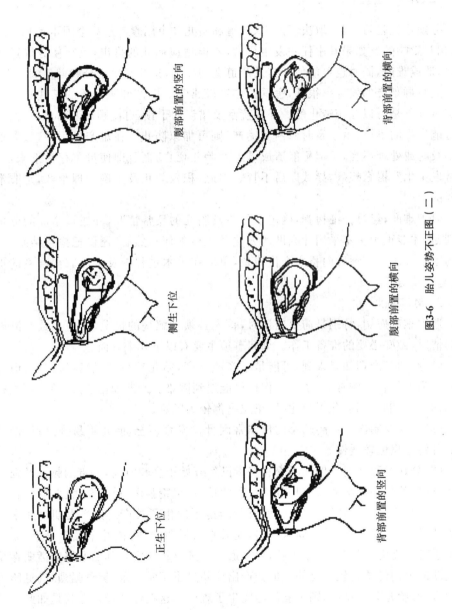

腹部前置的竖向

背部前置的横向

侧生下位

腹部前置的横向

正生下位

背部前置的竖向

图3-6 胎儿姿势不正图（二）

二、难产检查

分娩过程是否正常,取决于产力、产道和胎儿3个因素。这3个因素是相互适应、相互影响的。如果其中任一发生异常,不能适应胎儿的排出,就会使分娩过程受阻,造成难产,同时也可能使子宫及产道受到损伤,这些都属于分娩期疾病。

放牧群难产的发生率很低,舍饲群难产较常见。顺产和刚开始的某些难产在一定条件下是可以互相转化的。外界扰乱及错误的干预,可使顺产变为难产,而本来可能发生的难产,由于及时诊断和助产,则可加以防止。在难产过程中,如果处理不及时或处理不当,不但可能造成母羊及胎儿死亡,而且即使母羊存活下来,也常常发生生殖器官疾病,导致以后不育。因此,积极防止及正确处理难产,是非常重要的。

对于难产,经过仔细检查,确定了母羊及胎儿的反常情况,并通过全面的分析和判断,才能正确决定采用什么助产方法及预后如何。然后,还要把检查结果、预定的手术方法及其预后向畜主交代清楚,争取在手术过程中及术后取得畜主的支持、配合及信任。

1. 询问病史

遇到难产病例,特别是需要出诊时,首先必须了解病的情况,以便大致预测难产的情况,做好必要的准备工作。询问事项主要有以下几个方面。

(1)产期　产期如果未到,可能是早产或流产,胎儿较小,一般容易拉出;但这时胎儿为下位者比较常见,矫正工作也可能遇到困难。产期如已超过,胎儿可能较大;有时还可能碰到胎儿干尸化,矫正拉出都较为困难。

(2)年龄及胎次　年龄幼小的母羊常因骨盆发育不全,胎儿不易排出;初产母羊的分娩过程也较缓慢。

(3)分娩过程如何　例如不安和努责已经开始了多长时间,努责的频率及强弱如何,露出部分的情况如何。从分娩过程的长短、努责强弱、胎水是否已经排出、胎膜及胎儿是否露出进行综合分析,就可判断是否发生了难产。如产出期时间未超过正常时限,努责不强,胎水尚未排出,尤其在头胎母羊,可能并未发生异常,而只是由于努责无力,子宫颈扩张不够,胎儿通过产道比较缓慢。阵缩及努责微弱在缺乏运动的舍饲母羊是较常见的。但如产出期超过了正常时限,努责强烈,已见胎膜及胎水,而胎儿久不排出,则可能已经发生了难产。这在经产母羊尤其是如此。

如果母羊阵缩及努责不强,胎盘血液循环未发生障碍,短时间内胎儿还有存活的可能。一般在强烈努责开始后超过半小时,胎儿很少能挽救过来。

在胎儿尚未露出以前,其方向、位置及姿势仍有可能是正常的。但在正生时,如一或两前腿已经露出很长而不见唇部,或唇部已经露出而不见一或两个蹄尖;在倒生时只见一后蹄或尾尖,都表示胎儿已经发生了姿势或其他异常。

(4)母羊过去有何特殊病史(例如骨盆及腹部的外伤等)　过去发生过的疾病,如阴道脓肿、阴唇裂伤等,对胎儿的排出有妨碍作用。骨盆部骨质的损伤可以使骨盆狭窄,影响胎儿通过;腹壁痛可使努责无力。

(5)其他　难产母羊是否经过处理,助产方法及过程如何,全身情况怎样。如果事前对母羊进行过助产,必须问明助产之前胎儿的异常是怎样的,已经死亡还是活着;助产方法如何,例如使用什么器械,用在胎儿的哪一部分,如何拉胎儿及用力多大;助产结果如何,对母羊体有无损伤,是否注意消毒等。助产方法不当,可能造成胎儿死亡,或加重异常程度,并使产道水肿,增加了手术助产的困难。不注意消毒,可使子宫及软产道受到感染;操作不慎,可使子宫及产道发生操作或破裂。这些情况可以帮助我们对手术助产的效果做出正确的预后。对预后不良的病(例如子宫破裂),应及早确定处理方法。对于产道受到严重损伤或污染者,即使痊愈,也常引起不育,对这些情况也必须加以重视。

2. 母羊的全身检查

检查母羊全身状况时,除一般全身检查项目外,还要注意母羊的精神状态及能否站立等,才能确定母羊的全身状态如何,能否经受住复杂手术。确定全身状态时,应从体温、呼吸、脉搏和精神状态几方面综合考虑。单独的脉搏加快并不一定代表预后不良;结膜苍白,代表有发生内出血的可能;母羊卧下时,需要检查它是否愿起立,还是已经不能站立;另外,还要检查阴门及尾根两旁的荐坐韧带后缘是否松软,向上提尾根时荐骨后端的活动程度如何,以便确定骨盆腔及阴门能否充分开张。同时还需要检查乳房是否胀满,乳头中能否挤出乳白色初乳,从而确定妊娠是否已经足月。

3. 胎儿及产道检查

(1)检查胎儿　检查胎儿的姿势、方向和位置有无反常,是否活着,个体大小和进入产道的深浅等情况,是术前检查的最重要项目之一。根据胎儿、产道和母羊的全身情况,以及器械设备等条件,才能决定用哪一种方法助产。只要产道不是过小,术者手臂不太粗大,就可以进行检查。

检查时,手臂及母羊外阴均必须消毒。可隔着胎膜触诊胎儿的前置部分;但在大多数情况下,胎膜多已破裂,手可伸入胎膜内直接触诊,这样既摸得清楚,又能感觉出胎儿体表的滑润程度,越滑润越容易操作。

胎儿是否反常,可以通过触诊其头、颈、胸、腹、背、臀、尾及前后腿的解剖特点及状态,弄清楚胎儿的方向、位置及姿势如何,从而做出判断。检查时,首先要注意胎儿前置器官露出的情况有无异常。如果前腿已经露出很长而不见唇部,或者唇部已经露出而看不到一个或两个前肢,或者只见尾巴,而不见一个或两个后肢,应先将手伸入产道仔细检查,确定胎儿异常的性质及程度,而不要把露出的部分向外拉。否则可使胎儿的反常加剧,给矫正工作带来更大困难。有时在产道内发现两条以上的腿,这时应仔细判断是同一胎儿的前后腿,还是双胎或者畸形。前后腿可以根据腕关节和跗关节的开关及肘关节、跗关节的位置不同,做出鉴别。

胎儿的大小是和产道相比来确定的,从它的大小可以确定是否容易矫正和拉出。通过胎儿进入产道的深浅也可帮助确定怎样进行手术助产。如进入产道很深,不能推出,且胎儿较小,异常不严重,可先试行拉出;进入尚浅时,如有异常,则应先行矫正。

对于胎儿的死活,必须细心做出鉴定,因为它对手术方法的选择起着决定性作用。如果胎儿已经死亡,在保全母羊及产道不受损伤的情况下,对它可以采用任何措施。如果胎儿还活着,则应首先考虑挽救母羊子双方的方法,尽量避免用锐利器械。实在不能兼顾时,则需考虑是挽救母羊,还是胎儿。但一般来说,挽救的对象首先应当是母羊。胎儿的生死和母羊的阵缩强弱有很大关系,如果阵缩强而持久,产程迟缓,胎儿就会死亡;否则胎儿可能存活较长时间。鉴别胎儿生死的方法如下:

正生时,可将手指塞入胎儿口内,注意有无吸吮动作,捏拉舌头,注意有无活动;也可用手指压迫眼球,注意头部姿势异常,无法摸到,可以触诊胸部或颈动脉,感觉有无搏动。

倒生时,可将手指伸入肛门,感觉是否收缩;也可触诊脐动脉是否搏动。肛门外面如有胎粪,则代表胎儿活力不强或已死亡。

对于反应微弱、活力不强的胎儿和濒死胎儿,必须仔细检查判定。濒死胎儿对触诊无反应,但在受到锐利器械刺激引起剧痛时,则出现活动。检查胎儿时,发现它有任何一种活动,均代表还活着。但只有胎儿完全无活的迹象时,才能做出死亡的判定。此外,胎毛大量脱落,皮下发生气肿,触诊皮肤有捻发音,胎衣、胎水的颜色污秽,并有腐败气味,都说明胎儿已经死亡。脱落的胎毛很难完全从子宫清除,可能导致以后不孕。

(2)检查产道　在检查胎儿的同时,也要检查产道。要注意阴道的松软及润滑度,子宫颈的松软及扩张程度;也要注意骨盆腔的大小及软产道有无异常等,因为骨盆腔变形、骨瘤及软产道畸形等均会使产道狭窄,阻碍胎儿通过。

如难产为时已久,因为母羊努责及长久卧地,软产道黏膜往往发生水肿,致使产道狭窄,妨碍助产。难产时间不长,产道黏膜已经水肿,且表面干燥,特别是有损伤或出血，常表示事前已经进行过助产。损伤有时可以摸到，流出的血液要比胎膜血管中的血液红。产道黏膜水肿，会给助产造成很大困难，有时甚至使手臂无法伸入子宫。因此，在分娩季节，养殖户如遇难产应及早请兽医诊治，不要自行处理。

综上所述，治疗难产时应当采用什么手术方法助产，通过检查后应正确、及时而果断地做出决定，以免延误时机，给助产工作带来更大困难，同时也造成经济上的损失。如母羊全身状况良好，矫正胎儿和截胎有很大困难，可以采用剖腹产术取出胎儿，这时母羊也能存活。反之如母羊的全身状况不佳，而且矫正和截胎还比较容易时，就不要采用剖腹产，以免手术促使母羊状况恶化。又如，治疗胎头侧弯，是先选择矫正术把头矫直，还是立即施行截胎，把颈部截断，将头颈、躯干分别拉出，或者剖腹取出胎儿，均可通过检查，根据母羊的全身状态、胎儿的死活，并结合器械设备条件，决定采用哪一种方法。如果在检查时不能做出正确而果断的决定，术中来回改变方法常常会造成很大困难，甚至导致母羊子死亡。总之，全面、细致的检查可以给决定手术助产方法及其预后提出可靠的分析依据，必须加以重视。

4. 术后检查

手术助产后检查的目的，主要是判断子宫内是否还有胎儿，子宫及软产道是否受到损伤，此外，还要检查母羊能否站立以及全身情况。必要时，检查后还可进行破伤风预防注射。

手术助产过程中如发觉子宫及软产道有受到损伤的可能，见有鲜血，术后一定要检查，并及时处理。手术助产过程中，子宫的很多部位都可能发生损伤，但主要的是子宫体靠近耻骨前缘的部分和子宫颈。

胎衣腐败容易引起伤口感染，故在软产道及子宫受到损伤时，应及早处理；但如剥离有困难，也不要勉强进行。可以在子宫内投入抗生素胶囊，以达到抑菌防腐的目的。

术后如母羊长久卧地不起，常表示骨盆部骨骼、关节或神经可能受到了损伤。

最后，通过全身检查可以决定母羊的预后。

三、难产助产的基本原则

除了重视以上各项基本方法中提到的注意事项外，为了保证手术助产的效果，还必须遵守以下原则。

1. 助产手术

助产手术要争取时间早做，越早，效果越好，剖腹产尤其如此。否则，胎儿已经楔入盆腔，子宫壁紧裹着胎儿，胎水完全流失以及产道水肿等，都会妨碍推回、矫正及拉出胎儿，也会妨碍截胎。而且拖延时间久了，胎儿死亡，发生腐败，母羊的生命也可能受到危害；即使母羊术后存活下来，也常因生殖道发生炎症而以后不能受孕。对难产母羊及早助产,当母羊尚未继发阵缩微弱时,掏出造成障碍的羔后,其余羔可以活着顺利产出。否则,即使取出了受阻的胎儿,以后的胎儿也不能顺利排出,如不及时应用药物催产,可能全部死亡。

2. 术前检查

术前检查必须周密。根据检查结果,并结合设备条件,慎重考虑手术方案、先后顺序(如果可能使用一个以上的方法)以及相应的保定、麻醉等。只有这样,才能做出正确判断;否则,慌忙下手,中途周折,使母羊遭受多余的刺激,并危害胎儿的生命,进退两难,既无法再进行矫正或截胎,又贻误了剖腹产的时机,结果母羊和胎儿都受到危害。

3. 手术助产的目的

争取达到母羊子双全,在有些优良品种及繁殖适龄母羊,还要注意保全以后的生育能力。为此,在操作时,不可忽视消毒工作,并需重视使用润滑剂,尽可能防止生殖道受到刺激和感染;术后还要在子宫内放入抗菌药物。

4. 要重视发挥集体力量

手术助产时,子宫内空隙十分狭小,子宫壁又强烈收缩,压迫手臂;手指的动作也很单调,胎衣又常侵入手指之间,阻碍屈伸;同时,术者通常都不能采取自然站立姿势,操作费力。因此,除了在施术时防止作无目的的试探及蛮干,以免消耗体力外,平时还必须注意利用难产的机会,培养预备人员,以便通过集体的力量,使手术取得更好的效果。

四、难产的助产技术

1. 牵引术

牵引术除用于过大胎儿的拉出外,还可以用于阵缩和努责微弱,轻度产道狭窄以及胎儿位置和姿势轻度异常等。另外,将胎儿的异常部位或姿势矫正后,也必须把它牵引出来。所以这是羊助产中的基本方法。

正生时,可在两前腿球节之上拴上绳子,有助手拉腿。术者把拇指从口角伸入口腔,握住下颌;还可将中、食二指弯起来夹在下颌骨体后,用力拉头。拉的路线必须与骨盆轴相符。胎儿的前置部分越过耻骨前缘时,向上向后拉。如前腿尚未完全进入骨盆腔,蹄尖常抵于阴门的上壁;头部亦有类似情况,其唇部顶在阴门的上壁上。这时须注意把它们向下压,以免损伤母羊体。胎儿通过盆腔时,水平向后拉。胎头通过骨盆出口时继续水平向后拉。拉腿的方法是先拉一条腿,再拉另一条腿,轮流进行;或将两腿拉成斜的之后,再同时拉。这样胎儿两个肩端就不是齐着前进,而是成为斜的,缩小了肩宽,容易通过盆腔。胎儿通过阴门时,可由一人用双手保护住阴唇上部和两侧壁，以免撑裂。术者用手将阴唇从胎头前面向后推挤，以帮助通过。

在死胎儿，除可用上述方法以外，必要时还可采用其他器械。通常是用产科钩，可以选用的下钩部位很多，下颌骨体之后就可以，但骨体不能承受很大拉力，下颌联合容易被拉豁，须注意在拉豁以前及时停住。也可以钩眼眶，还有把钩子深深伸入胎儿口内，然后将钩尖向上转，钩住后鼻孔或硬腭。其他任何能够钩住的部位都可以。如果没有钩子，可用产科刀将下颌骨体之下之后的皮肤切破，通入口腔，然后穿上绳子，拴住下颌骨体拉。

胎儿胸部露出阴门之后，拉的方向要使胎儿躯干的纵轴成为向下弯的弧形；必要时还可向下向一侧弯；或者扭转已经露出的躯体，使其臀部成为轻度侧位。在母羊站立的情况下，还可以向下并先向一侧，再向另一侧轮流拉。

倒生时，也可在两后肢球节之上套上绳子，轮流先拉一条腿，再拉另一条腿，以便使两髋结节稍微斜着通过骨盆。如果胎儿臀部通过母羊体骨盆入口受到侧壁的阻碍（入口的横径较窄），可利用母羊体骨盆入口垂直径比胎儿臀部最宽部分（两髋关节之间）大的这一特点，扭转胎儿的后腿，使其臀部成为侧位，这样便于通过。

为了顺利、正确完成牵引手术，必须注意以下事项：

（1）牵拉之前，必须尽可能矫正胎儿的方向、位置及姿势，否则不但难以拉出，而且还可能损伤产道。拉出过程中还要根据顺利与否，验证胎儿的异常是否已经完全矫正过来。矫正越完全，拉出越顺利。如果牵拉费劲，说明矫正或其他方面还有问题。骨盆腔相对较为宽大，胎儿较细、弱小，并已深入产道，推回的困难很大时，才能在姿势稍微反常的情况下（如一侧肩部前置或坐骨前置）试行拉出；否则必须继续检查和矫正。拉出时用力不可太猛太快，以防拉伤胎儿，或损伤母羊体骨盆及软产道。牵拉过程中，牵拉人员一定要站稳站牢，躯体不要向后倾斜，以便钩子滑脱，或不需继续拉时能够立即停住。

（2）产道内必须灌入大量润滑剂。

（3）拉出时应配合母羊的努责，这样不但省力，而且也符合阵缩的生理要求。如无努责，拉动胎儿即可把它诱发起来。努责时，助手可以推压母羊腹部，以增加努责力量。

（4）拉出时既要注意防止活胎儿受到损伤，还要考虑骨盆构造的特点，并沿着骨盆轴拉，防止产道受到损伤。

2. 矫正术

胎儿由于姿势、位置及方向异常无法排出，必须先加以矫正。现将各种异常的矫正要领概括如下。

(1)矫正姿势 矫正的目的是使头颈四肢异常的屈曲姿势恢复为正常的伸直姿势。方法是采用推入和拉出两个方向相反的动作,它们或者是同时进行的,即在推某一部分的同时,向外拉另一部分,或者是先推后拉。究竟采用哪种方法,根据检查情况而定。

推,就是向前推动胎儿或其某一部分。矫正术必须在子宫中进行。因为胎儿的某一部分挤在骨盆入口或楔入盆腔内,由于空间狭小,操作不但不易奏效,消耗术者体力,而且容易损伤产道。将胎儿向子宫内推入一段距离,在骨盆入口前腾出了空间,就给矫正创造了条件。如果姿势异常不太严重,在用手推的过程中也可同时矫正异常部分。但在严重异常,用手推的力量不够大,且顾了推顾不了矫正,就要用产科榡及推拉榡加以帮助。

拉,主要是把姿势异常的头和四肢拉成正常状态。除了用手拉以外,还常用产科绳、产科钩,有时还可用推拉榡。为了同时进行推拉,可在用手向前推的同时,由助手向外牵拉产科绳或钩,异常部分就会得到矫正。

(2)矫正位置 胎儿的正常位置是上位,即背部在上,伏卧在子宫内,这样头、胸及臀部横切面的形状符合骨盆腔横切面的形状,才能顺利通过。胎位反常有侧位及下位。侧位是胎儿侧卧在子宫内,头及胸部的高度比盆腔的横径大,不易通过。下位是胎儿背部在下,仰卧在子宫内,这样两种横切面的形状就正好相反,也不易通过。

矫正方法是将侧位或下位的胎儿向上翻转或扭转,使其成为上位。为了能够顺利翻转,必须尽可能在胎水尚未流失、子宫没有紧裹住胎儿以前进行;因此,及时的临产检查不仅对防止发生难产有一定作用,而且对能否顺利矫正胎儿也有重要意义,有时甚至可以挽救胎儿。矫正时应当使母羊站立,前低后高,胎儿能向前移,不至挤在骨盆入口处,这样才有足够的空间进行翻转,同时操作起来也比较得力。亦可采用翻转的方法使胎儿变为上位。

(3)矫正方向性 各种胎儿的正常方向都是纵向,即其躯体的纵轴和母羊体的纵轴是平行的。方向异常有两种:横向,即胎儿横卧在子宫内;竖向,即胎儿的纵轴向上和母羊体的纵轴大致垂直。

横向,一般都是胎儿的一端距骨盆入口近些,另一端距入口远些。矫正的要领是向前推远端,向入口内拉近端,即将胎儿绕其躯体横轴旋转约90°。但如胎体的两端与骨盆入口的距离大致相等,则应尽量向前推前躯,向入口拉后腿,因为这样不需处理胎头,矫正和拉出都比较容易。

竖向,主要见到的是头、前腿及后腿一起先出的腹部前置的竖向和臀部靠近骨盆入口的背部前置的竖向。对于前者,矫正的要领是尽可能把后蹄推回子宫(必要时可将半仰卧保定,后躯垫高),或者在胎儿不过大时把后腿拉直,伸于自身腹下,这样就消除了后腿折叠起来阻塞于骨盆入口的障碍,然后拉出胎儿。对于后者,是围绕胎体的横轴转动胎儿,将其臀部拉向骨盆入口,变为坐生,然后再矫正后腿拉出。

为了顺利正确完成矫正手术,必须注意以下事项:

①矫正术必须在子宫内进行,而且在子宫松弛时操作才比较容易。为了抑制母羊努责,并使子宫肌松弛,以免紧裹住胎儿,妨碍操作,须行硬膜外麻醉,或肌肉注射二甲苯胺噻唑。

②胎儿体表润滑,对推、拉及转动都有利,而且还能减少对软产道的刺激;因此矫正前必须在子宫内灌入大量液体石蜡、植物油或软肥皂水等润滑剂。

③难产为时已久的病例,子宫壁变脆,容易破裂,矫正及推拉胎儿时必须多加小心。

3. 截胎术

死亡胎儿如无法矫正拉出,又不能或不宜施行剖腹产(因为可能引起死亡),可将某些部分截断,分别取出,或者把胎儿的体积缩小后拉出;这种手术称为截胎术。

截胎术可以分为皮下法及开放法两种。皮下法也叫覆盖法,是在截除某一部分(主要是四肢)以前,首先把皮肤剥开;截除后,皮肤留在躯体上,盖住断端,避免损伤母羊体,同时还可用来拉出胎儿。开放法是直接把某一部分截掉,不留下皮肤。如果具备绞断器、线锯等截胎器械,以开放法为宜,因为操作简便。绞断器可用于绞断胎儿的任何部分,操作比线锯容易,而且不像线锯那样有发生锯条磨断、夹锯和损伤产道等缺点。因此,凡是能用线锯锯断的部分,均可用绞断器代替。

和矫正术及剖腹产相比,截胎术虽然比较复杂费力,而且所用的器械有可能使子宫及产道受到损伤,但只要注意严格操作规程,选择好适应症,其结果有时并不比矫正术差;在保存母羊生命及保持其受胎力方面,一般还优于剖腹产。因此,对截胎术应给以一定的重视,并注意不断改进截胎器械。

4. 剖腹产

即切开腹壁及子宫,取出胎儿。如果无法矫正胎儿或截胎,或者它们的后果并不比剖腹产好,即可施行此术。只要母羊全身情况良好,早期进行且病例选择得当,不但可以挽救母羊的生命,保持其生产能力(如泌乳、产毛、育肥等)和繁殖能力,甚至可能同时将胎儿救活。因此,剖腹产是一个重要的手术助产方法。

根据报告,术后母羊的存活率,因难产的时间长久而有所不同。在刚发病例(刚发生不久的难产),子宫内未受污染,全身情况良好。在延误病例(发生已久的难产),且事先经过治疗者,子宫内感染严重,全身情况受到了影响,存活率即降低。在这种情况下,对这一手术的耐受性绵羊较强,山羊较弱。但如采用相应的抗菌措施,仍可使存活率提高。术后的受胎率,也视子宫感染及抗菌措施如何而定。子宫内膜炎是导致受胎率降低的主要原因。将剖腹产和截胎术进行比较,二者的存活率及受胎率在刚发病例大致相同;但在延误病例,剖腹产后的存活率比截胎术低,受胎率则低得多。

剖腹产适用于以下几种情况:①骨盆发育不全(交配过早)或骨盆变形(骨软症、骨折)而盆腔过小;个体过小,手不能伸入产道。②阴道极度肿胀、狭窄,手不易伸入。③子宫颈狭窄或畸形,且胎囊已经破裂,子宫颈没有继续扩张的迹象,或者子宫颈已经闭锁。④子宫捻转,矫正无效。⑤胎儿过大或水肿。⑥胎儿的方向、位置、姿势有严重异常,无法矫正;或胎儿畸形,且截胎有困难者。⑦子宫破裂。⑧阵缩微弱,催产无效。⑨干尸化胎儿很大,药物不能使其排出。⑩妊娠期满的母羊,因患其他疾病生命垂危,需剖腹抢救羔者。

在上述情况下,无法拉出胎儿,又无条件进行截胎,尤其在胎儿还活着时,可以考虑及时施行剖腹产。但如难产时间已久,胎儿已经腐败,引起子宫炎症及全身状况不佳时,确定施行剖腹产以前必须十分谨慎,以免引起腹膜炎和败血症而使其死亡。

剖腹产前应做好如下准备工作:

(1)保定 母羊的保定方法,对手术助产顺利与否有很大关系。术者站着操作,比较方便有力,所以母羊的保定以站立为宜,并且后躯要高于前躯(一般是站在斜坡上),使胎儿向前坠入子宫,不至于阻塞于骨盆腔内,这样便于矫正及截胎。为达此目的,助手用腿夹住羊的颈部,将后腿倒提起来即可。然而母羊难产时,往往不愿或不能站立,有时在手术当中还可能突然卧地不起;如果施行硬膜外麻醉,当麻醉药物剂量不适当时,母羊也站不起来,因而常常不得不在母羊卧着的情况下操作。卧姿应为侧卧,不可使母羊伏卧,否则会使其腹部受到压迫,内脏将胎儿挤向盆腔,妨碍操作。确定母羊卧于哪一侧的主要原则是胎儿必须行矫正或截除的部分,不要受到其自身的压迫,以免影响操作。例如,正生时胎头侧弯于自身左侧者,母羊必须左侧卧,不可右侧卧。另外,术者伏在地上操作,很不得力,所以最好使母羊卧于高处。一般可采用草垫、门板或拉运病的手推车,支成斜面,使母羊侧卧其上。在少数情况下,例如头向下弯、正生时前腿压在腹下、倒生时后腿压在腹下等,仰卧或半仰卧保定母羊对于矫正胎儿的反常部分更为方便。但不习惯仰卧,常强烈挣扎,因此应当到进行矫正时才将母羊仰卧或半仰卧,且要求操作迅速。总之,要随时注意保定母羊的方法,以便操作。

(2)麻醉 麻醉常常是施行手术助产不可缺少的条件,手术顺利与否,与麻醉关系密切。麻醉方法的选择,除了要考虑畜种的敏感性外,还必须考虑在手术中能否站立,对子宫复旧有无影响等。

发生难产时,有的极度不安,努责强烈,有的还可能发生直肠脱出等,故需加以

镇静。母羊施行剖腹产术,有时也必须使镇静、镇痛、松肌。可选用以下药物或措施使镇静:

①静松灵(2,4-二甲苯胺噻唑盐酸盐)对反刍动物有明显的镇痛、松弛肌肉等效果。该药奏效迅速,使用安全方便,用药后能够站立,是进行产科手术时的良好镇静药物。

②氯丙嗪也具有显著的镇痛、催眠作用。肌肉注射量为每千克体重1~3 mg。

③电针麻醉可选用百会、六脉、腰带穴组或天平、百会、腰旁穴组。

④硬膜外麻醉。治疗胎儿反常所造成的难产,常需将胎儿从阴道内推回子宫,以便有较大的空间进行矫正或截胎。但这时母羊往往强烈努责,抗拒向前推动及操作。这是一个很大的矛盾,不解决,操作常会遇到很大困难,甚至不能进行。在不施行全麻的情况下,为了抑制抗拒,除了把母羊的后躯抬高,使它努责无力外,可施行硬膜外麻醉。

硬膜外麻醉可使躯干后部的感觉神经失去传导作用,因此推动胎儿不会引起努责;而且还可使子宫松弛,以免它紧裹着胎儿,妨碍操作。另外,在行剖腹产时也能使努责受到抑制,不至于发生肠道脱出。同时,也不影响子宫的复旧。除了难产以外,硬膜外麻醉还可用于子宫及阴道脱出、阴道及阴门手术,所以是产科常用的麻醉方法。

根据麻醉范围的大小不同,可选用以下注射部位:

荐尾间隙:常用于简单的矫正和截胎手术、整复阴道及子宫脱出、脱出子宫截除术、阴道及阴门手术等。通常用2%普鲁卡因,注射量为5 mL。

腰荐间隙:即百会穴,在母羊卧下的情况下,用于努责强烈、复杂的矫正术或截胎术、剖腹产及乳房切除术等。

(3)消毒 手术助产过程中,术者的手臂和器械要多次进出产道。这时既要防止母羊的生殖道受到感染,又要保护术者本身不受感染,因而对所用器械、阴门附近、胎儿露出部分以及手臂都要按外科方法进行消毒。母羊外阴附近如有长毛,也必须剪掉。手臂消毒后,要涂上灭菌液体石蜡作为润滑剂。

术者操作时,常需将一只手按在母羊臀部,以便于用力,因此可将一块在消毒药水中泡过的塑料单盖在臀部上面。如果母羊是卧着的,为了避免器械和手臂接触地面,还可在母羊臀后铺上一块塑料单。

五、难产的防治

难产虽然不是十分常见的疾病,可一旦发生,极易引起羔羊死亡,并常危及母羊的生命;如手术助产不当,子宫及软产道受到损伤及感染,还会影响母羊以后的健康和受孕,同时也使母羊的泌乳能力降低。因此,积极预防难产的发生,对于母羊的繁殖具有重要意义。

1. 防止难产的饲养管理措施

首先是不要使母羊配种过早。否则由于尚未发育成熟,骨盆狭窄,容易造成难产。

妊娠期间,胎儿的生长发育使母羊所需的营养物大大增加。因此,对母羊进行合理的饲养,充分供给含有维生素、矿物质和蛋白质的饲料,不但可以保证胎儿生长发育的需要,而且能够维护母羊的健康和子宫肌的紧张度,减少分娩时发生难产的可能性。但不可使母羊过于肥胖。到妊娠末期,则必须适当减少蛋白质饲料,以免胎儿过大,特别是肉用羊更应当加以重视。

妊娠母羊要经常运动。运动可提高母羊对营养物质的利用,使胎儿活力旺盛,同时也可使全身及子宫的紧张性提高,从而降低难产、胎衣不下及子宫复原不全等的发病率;分娩时胎儿活力强,子宫收缩力正常,有利于胎儿转变为正常的位置和姿势及顺利产出。

在条件允许时,对接近预产期的母羊应避免因改变环境而引起惊恐和不适。在分娩过程中,要保持环境安静,并配备专人护理及助产。对于分娩过程中出现的异常现象要留心观察,并注意及时进行临产检查。

2. 防止难产的方法

防止难产的方法是在分娩时进行临产检查,对分娩正常与否做出早期诊断,并在胎势异常和胎位不正等刚一开始时即加以矫正,从而制止这些难产的发生。

临产检查的时间为从胎膜露出至胎水排出这一段时间,这一时期正是胎儿的前置部分刚进入盆腔的时间。

检查方法是将手臂及母羊的外阴消毒后,把手伸入阴门,隔着膜(膜未破时)或伸入膜(膜已破时)触诊胎儿。膜未破时不要撕破,以免胎水过早流失,影响胎儿的排出。如果摸到胎儿是正生,前置部分三件(唇和二蹄)俱全,而且正常,可等待它自然排出。如有异常,就应立即进行矫正,这时胎儿的躯体尚未楔入盆腔,异常部分的异常程度不大,胎水流失不多,子宫内滑润,且子宫尚未紧裹住胎儿,矫正比较容易。例如,在产出初期,胎儿开始排出时,这种异常一般只是头稍微偏斜,未伸入骨盆入口。这时只要稍加扳动,即可将头拉直,继而把胎儿拉出,就可制止这种难产的发生,同时还能够提高胎儿的存活率,另外,还能避免由于手术助产而使软产道受到刺激。顺产和刚开始的某些难产在一定条件下是可以转化的。临产检查就是给难产转化为顺产提供条件。否则,随着子宫的收缩,胎儿前躯进入骨盆越深,头颈就弯得越厉害,终至成为难产。

对于胎位异常,也能通过临产检查及时发现,顺利矫正,从而防止它造成难产。胎儿如为倒生,无论异常与否,发现后均必须迅速拉出,这样可提高胎儿的存活率。

此外,临产检查还能发现胎儿有无其他异常。

　　除了检查胎儿外,还要检查母羊的骨盆有无异常,阴门、阴道和子宫颈等软产道的松弛、滑润及开放程度;如判断有发生难产的可能性,应及时做好助产的准备。

　　产出期的临产检查是减少难产的一种积极措施,在注意严格消毒的基础上,具有一般助产经验的人都能进行这种检查,因而可以广泛推广应用。

技能训练

羊的助产技术

(1)训练准备　产科绳、产科梃、长臂手套、润滑剂等。

(2)操作规程

工作环节	操作规程	操作要求
头颈侧弯	将产科绳绑在二前肢腕关节上,用器械或产科梃将胎儿推入子宫,然后用手抓住头部,拉直头颈	①尽力保护母子安全,使用器械时应十分小心,避免母畜产道损伤和感染,注意保持母羊的繁殖力
头颈下弯	手掌平伸入骨盆底,握住唇端,将胎儿头颈部推入子宫,将胎头向前拉直,连同两肢一同拉直胎儿	
头向后仰	用产科梃将胎儿推入子宫,用产科绳绑在下颌拉直胎头	②母羊采用横卧保定,尽量将胎儿的异常部位向上,利于操作
前肢腕关节屈曲	用产科梃将胎儿推入子宫,用手握住腕部并向上抬起,沿着腕部下移握住蹄部,在阵缩间歇时将前肢完全伸直引入骨盆	
肩部前置	手伸入产道握住腕关节,使肘关节和腕关节屈曲,再以腕关节屈曲姿势方法矫正	③产道内应灌注大量润滑剂
后肢附关节屈曲	将胎儿推入子宫,手握住跗关节将后肢向上抬起,再握住蹄向后牵拉,使后肢向后伸直,将胎儿矫正成倒生姿势	④推回胎儿时,应在母畜阵缩的间歇期
横向	抬高母畜臀部,用产科梃向母畜前方抵住胎儿的臀端或肩胸部,将另一端向子宫颈外口方向牵拉,将胎儿矫正成为纵向的正生或倒生	⑤牵拉胎儿时要配合母羊的阵缩和努责进行,保护母羊的会阴部
臀部前置	将胎儿推入子宫,手握着跗关节向后牵拉成跗关节屈曲,再以后肢跗关节屈曲姿势矫正	
胎儿过大	先在产道内灌入润滑剂,再依次牵拉前肢,以缩小胎儿肩部的横径,配合母羊的阵缩和努责,将胎儿拉出	

（3）作业　常见的难产种类及应对措施。

任务七　羊的繁殖疾病及治疗

【知识目标】

了解羊的流产、卵巢囊肿、子宫内膜炎、睾丸炎等病的临床表现、病理剖检特征，以及防治方法。

【能力目标】

通过临产表现及病理剖检，能准确判断出相应的疾病，采取积极有效的防治措施。

【基础知识】

一、流产

妊娠期间，母羊体除了维持本身的正常生命活动以外，还要供给胎儿发育所需要的物质及正常环境。如果母羊体的生理状况能够适应妊娠特点，母羊体、胎儿及外界生活条件之间就能保持相对的平衡，妊娠过程就能够正常发展下去。如果饲养管理不符合妊娠的特殊要求，母羊体或胎儿健康受到损害，这种平衡就会受到破坏，正常的妊娠过程就会转化为病理过程。因此，必须注意照顾母羊的生理特点，加强饲养管理，积极防治妊娠期疾病，保证妊娠过程的正常进行。

（一）病因及症状

流产是由于胎儿或母羊体的生理过程发生紊乱，或它们之间的正常关系受到破坏，而使妊娠中断。它可以发生在妊娠的各个阶段，但妊娠早期和晚期较为多见。在预产期前 1 个月排出的胎儿不能成活。流产所造成的损失是严重的，它不仅能使胎儿夭折或发育受到影响，而且还能危害母羊的健康，甚至因并发生殖器官疾病而造成不孕，严重的影响羊群生产计划的完成。因此，可以概括为：非传染性流产、传染性流产和寄生虫性流产。

1. 非传染性流产

非传染性流产的原因大致可以归纳为：

（1）胎膜及胎盘异常　胎儿附属膜发生反常，往往导致胚胎死亡。例如，无绒毛或绒毛发育不全，使胎儿与母羊体间的物质交换受到限制，这种反常有时为先天性的，有时则可能是因为母羊体子宫上某些部分黏膜发炎变性，绒毛膜上的绒毛不能和发炎的黏膜发生联系而退化。

(2)胚胎过多 胎儿的多少,受种属特有的子宫容积的控制。例如由超数排卵实验得知,在胚胎过多时,发育迟缓的胚胎因受邻近胚胎的排挤,不能与子宫黏膜形成足够的联系,血液供应受到限制,即不能发育下去。这种流产常发生在妊娠后期,其原因是多个胎儿绒毛膜和子宫黏膜的接触面均受到限制,血液供应不足,得不到足够的营养,不能发育下去。双胎,特别是两个胎儿在同一子宫角内,流产也比单胎时多。

(3)胚胎发育停滞 在妊娠早期的流产中,胚胎发育停滞是胚胎死亡的一个重要原因。发育停滞可能是因为卵子或精子有缺陷,如配种过迟、卵子衰老而产生的异倍体;也可能是由于近亲繁殖、受精卵的活力降低所致。因而,胚胎不能发生附植,或附植后不久死亡。有的畸形胎儿在发育中途死亡,但也有很多畸形胎儿能够发育到足月。

此外,羊的早期胚胎可因环境温度过高、湿度过大而间接受到影响,发生死亡。

(4)生殖器官疾病 母羊生殖道器官疾病所造成的流产较多。例如,患局限性慢性子宫内膜炎时,交配可以受孕,但在妊娠期间如果炎症发展起来,则胎盘受到侵害,胎儿死亡。患阴道脱出及阴道炎时,炎症可以破坏子宫颈黏液塞,侵入子宫,引起胎膜炎,危害胎儿。此外,先天性子宫发育不全、子宫粘连等,也能妨碍胎儿的发育,妊娠至一定阶段即不能继续下去。

(5)生殖激素失调 与妊娠直接有关的激素是孕酮和雌激素,它们的分泌发生紊乱,使子宫内环境不能适应胎儿的发育,导致胎儿早期死亡。

(6)饲养性流产 饲草数量严重不足和饲料中矿物质含量不足均可引起流产。此外,饲料品质不良及饲喂方法不当,例如饲喂给发霉和腐败饲料,饲喂大量饼渣,饲喂给含有亚硝酸盐、农药污染或有毒植物的饲料,均可使孕羊中毒而流产。孕羊由舍饲突然转为放牧,饥饿后饲喂给大量可口饲料,能够引起消化紊乱或疝痛而易流产。另外,吃霜冻草、露水草、冰冻饲料,饮冷水,尤其是出汗、空腹及清晨饮冷水或吃雪,均可反射性地引起子宫收缩,将胎儿排出。

2. 传染性流产

传染性流产是由传染病引起的流产。很多微生物都能引起流产,常见的、危害比较严重的疾病为布氏杆菌病。

布氏杆菌病是由布氏杆菌引起人畜共患的一种慢性传染病。主要侵害生殖系统,以母羊流产和公羊发生睾丸炎为特征。

【病原】布氏杆菌为革兰氏阴性杆菌,对热非常敏感,70℃加热 10 min 即可死亡,阳光直接照射 1 h 死亡,在腐败病料中,则迅速失去活力。一般常用消毒药能很快将其杀死。

【流行病学】一般情况下，母羊较公羊易感性高，成年羊较育成羊易感性高。

布氏杆菌是本病的传染源，主要存在于子宫、胎膜、乳腺、睾丸、关节囊等处，除不定期地随乳汁、精液、脓汁排出外，主要是在母羊流产后大量随胎儿、胎衣、水、子宫阴道分泌物以及乳汁等排出体外。因此，产羔季节以及羊群大批发生流产时，是本病大规模传播的时期。

一般亦可由于直接接触如交配，或通过污染的饲料、饮水、土壤、虫媒介而间接传染。感染途径主要是消化道，其次是生殖道和皮肤、黏膜，实际上几乎通过任何途径均可感染。

羊群一旦感染，首先少数孕羊流产，以后逐渐增多，新发病羊群，流产率可达全部孕羊的50%以上，常产出死胎和弱胎。多数患病母羊只流产一次，流产两次者甚少，因此，在老疫区大批流产的情况较少。病群在流产高潮过后，流产率逐渐降低甚至完全停止。随着流产的发生，陆续出现胎衣不下、子宫炎、乳房炎、关节炎、支气管炎、局部脓肿，以及公羊的睾丸炎等症状和病例，经过2～4年之后，此症状和病例可能逐渐消失，或仅少数病例留有后遗症。但羊群中仍有隐性病例长期存在，对羊群仍是巨大的威胁，不可忽视。

【症状】潜伏期长短不一，短者两周，长者可达半年。布氏杆菌病症状，多数病例为隐性传染，症状不够明显。部分病例呈现关节炎、滑液囊炎及腱鞘炎，通常是个别关节（特别是膝关节和腕关节），偶尔见多数关节肿胀、疼痛，呈现跛行，严重者可导致关节硬化和骨、关节变形。

妊娠母羊流产是本病主要症状，但不是必然出现的症状。流产可发生在妊娠的任何时期，而以妊娠后期多见。多发生在妊娠后3～4个月。流产前表现精神沉郁，食欲减退，起卧不安，阴唇和乳房肿胀，阴道潮红、水肿，自阴道流出灰黄或灰红褐色黏液或黏性脓性分泌物，不久发生流产。流产胎儿多为死胎，即使生出弱胎，也往往于出生后1～2 d死亡。

有些母羊在流产后伴发胎衣停滞或子宫内膜炎，从阴道流出红褐色污秽不洁带恶臭的分泌物，可持续2～3周以上，或者子宫蓄脓长期不愈，甚至由于慢性子宫内膜炎而造成不孕。有的母羊易发生关节炎，严重的可引起后躯麻痹。

公羊除关节受害以外，往往侵害生殖器官，发生睾丸炎，睾丸肿大，阴囊增厚硬化，性机能降低，甚至不能配种。

【病理剖检】布氏杆菌病的病理变化主要是子宫内部的变化。在子宫绒毛膜的间隙中，有污灰色或黄色无气味的胶样渗出物，其中含有细胞及其碎屑和布氏杆菌。绒毛膜的绒毛有坏死病灶，表面覆以黄色坏死物，或污灰色脓汁。胎膜由于水肿而肥厚,呈胶样浸润外观,表面覆以纤维素和脓汁。

流产胎儿主要为败血症病变。浆膜与黏膜有出血点与出血斑,皮下结缔组织发生浆液出血性炎症,脾脏和淋巴结肿大,肝脏中出现坏死灶,肺脏常有支气管肺炎。

流产之后常继发子宫炎,如果子宫炎持续数月以上时,将出现特殊的病变,此时子宫体略增大,子宫内膜因充血、水肿和组织增生而显著肥厚,呈污红色,其中还可见弥漫性的红色斑纹,肥厚的黏膜构成了波纹状皱褶,有时还可见局灶性的坏死和溃疡。

输卵管肿大,卵巢发炎,组织硬化,有时形成卵巢囊肿。

乳腺的病变,常表现为间质性乳腺炎,严重的可继发乳腺的萎缩和硬化。

【防治】防治本病主要是保护健康羊群、消灭疫场的布氏杆菌病和培育健康后备 3 个方面。因此,应采取以下措施:

(1)加强检疫　为了保护健康羊群,防止布氏杆菌病从外地侵入,尽量做到自繁自养,不从外地购买羊只。新购入的羊只,必须隔离观察 1 个月,并做两次布氏杆菌病的检疫,确认健康后方能合群。每年配种前,种公羊也必须进行检疫,确认健康者才能参加配种。本病常在地区的羊群每年均需用凝集反应或变态反应定期进行两次检疫。检出的病羊,应严格隔离饲养,固定放牧地区及饮水场,严禁与健康羊接触。

(2)定期预防注射　在布氏杆菌病的常在地区的羊群,每年都要定期预防注射。注射过菌苗的羊只,不再进行检疫。常用的疫菌有以下几种:

冻干布氏杆菌 2 号弱毒菌苗:可采用注射法和饮水法。免疫期山羊为 1 年,绵羊为一年半。

冻干布氏杆菌 5 号弱毒菌苗:分气雾免疫法和注射法两种,均适用于绵羊和山羊。应用时间以配种前 1~2 个月进行为宜。孕羊不应接种。免疫期为一年半。

布氏杆菌 19 号弱毒菌苗:除 4 月龄以下羔羊、妊娠母羊以及病、老、弱者外都可注射。成年母羊应于每年配种前 1~2 个月注射。免疫期 1 年。

(3)严格消毒　对病羊污染的羊舍、运动场、饲槽及各种饲养用具等,用 5%克辽林或来苏儿溶液、10%~20%石灰乳、2%氢氧化钠溶液等进行消毒。流产胎儿、胎衣、水及产道分泌物等更应妥善消毒和处理。病羊的皮张需用 3%~5%来苏儿浸泡 24 h 后利用。乳汁煮沸消毒,粪便发酵处理。

(4)病羊处理　病羊头数不多,且价值不大者,以淘汰屠宰为宜,肉煮熟或高温处理后利用。若病羊数量很多,又有特殊价值,可在隔离条件下适当治疗。对流产伴发子宫内膜炎或胎衣不下经剥离后的病羊,可用 0.1%高锰酸钾溶液洗涤阴道和子宫。严重病例可用抗生素和磺胺类药物进行治疗。

由于流产的发生时期、原因及母羊反应能力有所不同,流产的病理过程及所引起的胎儿变化和临床症状也很不一样。归纳起来有4种:隐性流产、排出不足月的活胎儿、排出死亡而未经变化的胎儿和延期流产。

(1)排出不足月的活胎儿　这类流产的预兆及过程与正常分娩相似,胎儿是活的,但未足月即产出,所以也称为早产。产出前的预兆不像正常分娩那样明显,往往仅在排出胎儿以前2~3 d乳腺突然膨大,阴唇稍微肿胀,乳头内可挤出清亮液体,阴门内有清亮黏液排出。

助产方法与正常分娩不同。但在胎儿排出缓慢时,必须及时加以协助。早产胎儿如有吮乳反射,须尽力挽救,帮助它吮食母羊乳或人工喂奶,并注意保暖。

(2)排出死亡而未经变化的胎儿　这种情况是流产中最常见的一种。胎儿死后,它对母羊体好似异物一样,引起子宫收缩反应(有时则否,见胎儿干尸化)而于数天之内即将死胎及胎衣排出。

妊娠初期的流产,因为胎儿及胎膜很小,排出时不易发现,而被误认为是隐性流产。妊娠前半期的流产,事前常无预兆。妊娠末期流产的预兆和早产相同。胎儿未排出前,检查摸不到胎动,妊娠脉搏变弱。阴道检查发现子宫口开张、黏液稀薄。

如胎儿小,排出顺利,预后较好,以后母羊仍能受孕。否则,胎儿腐败后可以引起子宫、阴道炎症,以后不易受孕;偶尔还可能继发败血病,导致母羊死亡。因此,必须尽快使胎儿排出来。

(3)延期流产(死胎停滞)　胎儿死亡后如果由于阵缩微弱,子宫颈口不开或开放不大,死后长期停留于子宫内,称为延期流产。依子宫颈是否开放,其结果有以下两种。

①胎儿干尸化。胎儿死亡,但未排出,其组织中的水分及胎水被吸收,变为棕黑色,好像干尸一样,称为胎儿干尸化。按照一般规律,胎儿死后不久,母羊体就把它排出体外。但如黄体不萎缩,仍维持其机能,则子宫并不强烈收缩,子宫颈也不开放,胎儿仍留于子宫中。因为子宫腔与外界隔绝,阴道中的细菌不能侵入,如果细菌也未通过血液进入子宫,胎儿就不腐败分解。以后,胎水及胎儿组织中的水分逐渐被吸引,胎儿变干,体积缩小,并且头及四肢缩在一起。

给多羔母羊接生时,经常能发现正常胎儿之间夹有干尸化胎儿,这可能是由于各个胎儿的生活能力不一样,发育慢的胎儿尿膜绒毛和子宫黏膜接触的面积受到邻近发育快的胎儿的限制,胎盘发育不良,得不到足够的营养,中途停止发育,变成干尸;发育快的胎儿则继续生长至足月出生。

干尸化胎儿都必须在子宫中停留一个相当长的时期。母羊一般是在妊娠期满后数周内,黄体的作用消失而再发情时,才将胎儿向外排。排出胎儿有时也可发生在妊娠期满以前,个别的干尸化胎儿则长久停留于子宫内不排出来。

②胎儿浸溶。妊娠中断后,死亡胎儿的软组织被分解,变为液体流出,而骨骼留在子宫内,称为胎儿浸溶。

胎儿死后,究竟发生浸溶或者干尸化,关键在于黄体是否萎缩。如黄体萎缩,子宫颈口就开放,微生物从阴道侵入子宫及胎儿,胎儿的软组织先是气肿,2 d后开始液化分解而排出,骨骼则因子宫颈开放不够大排不出来。胎儿浸溶比干尸化少见。

胎儿气肿及浸溶时,细菌引起子宫炎,并因而使母羊表现败血症及腹膜炎的全身症状。先是在气肿阶段,精神沉郁,体温升高,食欲减少,瘤胃蠕动弱,并常腹泻。如为时已久,上述症状即有所好转,但极度消瘦,母羊经常努责。胎儿软组织分解后变为红褐色或棕褐色,难闻的黏稠液体沾染在尾巴和后腿上,干后成为黑痂。

阴道检查,发现子宫颈开张。视诊还可看到阴道及子宫颈黏膜红肿。有时这种流产发生在妊娠初期,胎儿小,骨片间的联系组织松软,容易分解,所以大部分骨片可以排出,仅留下少数。最后子宫中排出的液体也逐渐变得清亮。如果不了解母羊的病史,且因母羊屡配不孕而来检查,可使兽医认为只是子宫内膜炎。

母羊发生胎儿浸溶时,体温升高,心跳呼吸加快,不食,喜卧,阴门中流出棕黄色黏性液体。偶尔有时浸溶仅发生于部分胎儿,如距产期已近,排出的胎儿中可能还有活的。

胎儿浸溶,就母羊的生命来说,预后必须谨慎,因为这种流产可以引起腹膜炎、败血病或脓毒血病而导致死亡。对于母羊以后的受孕能力,则预后不佳,因为它可以造成严重的慢性子宫内膜炎,子宫也常和周围组织发生粘连,使母羊还能受孕。

(二)治疗

首先应确定属于何种流产以及妊娠能否继续进行,在此基础上再确定治疗原则。

(1)对先兆流产的处理,临床上出现孕羊腹痛、起卧不安、呼吸和脉搏加快等现象,可能流产。处理的原则为安胎,使用抑制子宫收缩药,为此可采用如下措施。

①肌肉注射孕酮10～30 mg,每日或隔日1次,连用数次。为防止习惯性流产,可在妊娠的一定时间试用孕酮,也可注射1%硫酸阿托品。

②给以镇静剂,如溴剂、氯丙嗪等。

③禁行阴道检查,尽量控制阴道检查,以免刺激母羊。可进行牵遛,以抑制努责。

(2)若先兆流产经上述处理,病情仍未稳定下来,阴道排出物继续增多,起卧不安加剧;阴道检查,子宫颈口已经开放,胎囊已进入阴道或已破水,流产已难避免,应尽快促使子宫内容物排出,以免胎儿死亡腐败引起子宫内膜炎,影响以后受孕。

如子宫颈口已经开大,可用手将胎儿拉出。流产时,应在子宫及产道内灌入润滑剂。胎儿位置及姿势往往反常,如胎儿已经死亡,矫正时有困难,可以行使截胎术。如子宫颈口开张不大,手不易伸入,可采用人工引产的方法,促使子宫颈开放,并刺激子宫收缩。

(3)对于延期流产,胎儿发生干尸化或浸溶者,首先可使用前列腺素制剂,继之或同时应用雌激素,溶解黄体并促使子宫颈扩张。同时因为产道干涩,在干尸化胎儿,由于胎儿头颈及四肢蜷缩在一起,且子宫颈开放不大,必须用一定力量才能将胎儿取出。

在胎儿浸溶,如软组织已基本液化,须尽可能将胎骨逐块取净。分离骨骼有困难时,须根据情况先加以破坏后再取出。如治疗得早,胎儿尚未浸溶,仍呈气肿状态,可将其腹部抠破,缩小体积,然后取出。操作过程中,术者须防止自己受到感染。

取出干尸化及浸溶胎儿后,因为子宫中留有胎儿的分解组织,必须用消毒液或5%～10%盐水等冲洗子宫,并注射子宫收缩药,使液体排出。对于胎儿浸溶,因为有严重的子宫炎及全身变化,必须在子宫内放入抗生素,并需特别重视全身治疗,以免发生不良后果。

(三)预防

引起流产的原因是多种多样的,各种流产的症状也有所不同。除了个别流产在刚一出现症状时可以试行抑制以外,大多数流产一旦有所表现往往无法阻止。尤其是放牧群,流产常常是成批的,损失严重。因此,在发生流产时,除了采用某些治疗方法,以保证母羊及其生殖道的健康以外,还应对整个羊群的情况进行详细调查分析,观察流出的胎儿及胎膜,必要时并进行实验室检查,首先做出确切诊断,然后才能提出有效的具体预防措施。

调查材料应包括饲养放牧条件及制度,确定是否为饲养性流产;是否受过伤害、惊吓,流产发生的季节及气候变化,确定是否损伤性及管理性流产;母羊是否发生过普通病,群中是否出现过传染性及寄生虫性疾病;以及治疗情况如何,流产时的妊娠月份,母羊的流产是否带有习惯性等。

对排出的胎儿及胎膜,要进行细致观察,注意有无病理变化及发育反常。在普通流产中,自发性流产表现有胎膜上的反常及胎儿畸形;霉菌中毒可以使膜发生水肿、皮革样坏死,胎盘也水肿、坏死并增大。但由于饲养管理不当、损伤及母羊疾病、医疗事故引起的流产,一般都看不到有什么变化。

在传染性及寄生虫性的自发性流产,胎膜及(或)胎儿常有病理变化。例如,因布氏杆菌流产的胎膜及胎盘上常有棕黄色黏脓性分泌物,胎盘坏死、出血,膜水肿并有皮革样的坏死区;胎儿水肿,胸腹腔内有淡红色的浆液等。沙门氏杆菌病流产胎儿也有同样变化,胎膜上也有水肿、出血及坏死区。

上述流产后常发生胎衣不下。具有这些病理变化时,应将胎儿(不要打开,以免污染)、胎膜以及子宫阴道分泌物送实验诊断室检验,有条件时,并应对母羊进行血清学检查。症状性流产,则胎膜及胎儿没有明显的病理变化。对于传染性的自发性流产,应将母羊的后躯及所污染的地方彻底消毒,并将母羊适当隔离。

正确的诊断,对于做好保胎防流产工作是十分重要的。只有认真进行调查、检查和分析,做出诊断,才能结合具体情况提出实用的措施,预防流产的发生。

二、母羊不孕症

(一)卵巢囊肿

卵巢囊肿是指卵巢中形成了长期存在的球形腔体,可分为卵泡囊肿和黄体囊肿两种。卵泡囊肿是由于卵泡上皮变性,卵泡壁结缔组织增生变厚,卵细胞死亡,卵泡液未吸收或者增多而形成的。黄体囊肿是由于未排卵的卵泡壁上皮黄素化而形成的(黄素化囊肿);或者是正常排卵后由于某些原因,黄体化不足,在黄体内形成空腔,腔内聚积液体而形成的(囊肿黄体)。

此病易发生在山羊,是引起母羊不育的一个重要的卵巢疾病;而且以卵泡囊肿居多,黄体囊肿发生很少,因而一提到卵巢囊肿,往往都认为是卵泡囊肿。

【病因】引起卵巢囊肿的主要原因,是由于垂体前叶分泌的促卵泡素过多,而促黄体素不足,使排卵机理和黄体的正常发育紊乱。从实际中来看,下列因素可能影响排卵机理:

(1)饲料中缺乏磷和维生素 A,或含有多量的雌激素。饲喂精料过多而又缺乏运动,也容易发生卵泡囊肿,因此舍饲的高产奶山羊多发。

(2)长时间发情而不配种,卵泡可以变为囊肿,而不排卵。

(3)垂体或肾上腺皮质机能失调,以及不正确应用激素制剂,例如注射雌激素过多,可以造成囊肿。

(4)子宫内膜炎、胎衣不下及其他卵巢疾病可以引起卵巢炎,使排卵功能紊乱,因而也与囊肿的发生有关。

【症状及诊断】患卵泡囊肿时，因为分泌过量的雌激素，所以奶山羊一般发情表现反常，发情周期变短，发情期延长。发展到严重阶段，持续表现强烈的发情行为。病羊愿意接受交配，但屡配不能受孕。

患黄体囊肿时，因不断分泌孕酮，主要表现性欲缺乏，长期不见发情。

【治疗】首先应当改善饲料管理条件，给以富含磷和维生素 A 的日粮，防止精料过多。对于舍饲的高产奶山羊，可以增加运动。同时可选用以下疗法：

(1)激素疗法　对于卵巢囊肿，多采用激素疗法，但所用的制剂和剂量各不相同。现将效果不同、比较可靠的几种疗法介绍于下：

①促黄体素释放激素(LH～RH)0.1～0.25 mg，一次肌肉注射，对卵泡囊肿效果显著。

②促黄体素(LH)10～30 单位，一次肌肉注射或皮下注射。

③人绒毛膜促性腺激素(hCG)500～1 000 单位，一次肌肉注射。

④黄体酮 5～10 mg，一次肌肉注射，每天 1 次，连用 3 次。

⑤地塞米松 1～2 mg，一次肌肉注射，隔日 1 次，连用 3 次。

对于黄体囊肿，可采用前列腺素 $F_{2\alpha}$($PGF_{2\alpha}$)0.5～1 mL，肌肉注射，每天 1 次，连用 2 d。也可采用促卵泡素(FSH)20～30 单位肌肉注射，2～3 d 1 次，3 次为 1 个疗程。

(2)人工促进泌乳　此法对于奶山羊是一种最为经济的办法。

(二)子宫内膜炎

子宫内膜炎是子宫黏膜的炎症，是常见的一种母羊生殖器官疾病，也是导致母羊不孕的重要原因之一。

【病因】

(1)配种、人工授精及接产过程中消毒不严，容易引发本病。

(2)继发于流产、难产、胎衣不下、子宫脱出及产道损伤之后，细菌如双球菌、葡萄球菌、大肠杆菌等侵入而引起。

(3)阴道内存在的某些条件性病原菌，在机体抗病力降低时，亦可发生本病。

【症状】依其炎症过程，分为急性和慢性。

(1)急性　病羊常常拱背、努责，作排尿姿势，不定时从阴门中排出黏性或黏脓性分泌物，病重者分泌物呈污红色或棕色，且具有臭味，卧下时排出量较多。体温稍升高，精神沉郁，食欲及泌乳量明显降低，反刍减弱或停止，并有轻度臌气。严重时，呈现昏迷，甚至造成死亡。阴道及前庭发炎。病羊有时由于努责而发生阴道不全脱出。

(2)慢性 多由于急性炎症转变而来,常无明显的全身症状,有时体温略微升高,食欲及泌乳量减弱。从阴门排出透明、浑浊或杂有脓性絮状物的分泌物。发情不规则或停止,屡配不孕。

慢性卡他性子宫内膜炎有时可能发展成为子宫积水,病羊往往长期不发情。如果子宫颈完全闭锁,外表没有排出液,不易确诊,只能根据有子宫卡他性炎症的病史进行推断。

【预防】加强饲养管理,搞好传染病的防治工作。

(1)在临产和产后,应对阴门及其周围进行消毒,保持产房和厩舍的清洁卫生。

(2)配种、人工授精及助产时,应注意外生殖器、器械和术者手臂的消毒。

(3)及时、正确治疗流产、难产、胎衣不下、子宫脱出及阴道炎等疾病,以防损害和感染。

【治疗】一般在严格隔离病羊、积极改善饲养管理的同时,应及早进行全身和局部处理,常能取得较好疗效。

(1)对于急性子宫内膜炎,应注射青霉素或链霉素。

(2)进行子宫冲洗和灌注。选用生理盐水、0.1%高锰酸钾溶液、0.1%~0.2%雷夫奴尔溶液、0.1%复方碘溶液等,每日或隔日冲洗子宫,至排出的液体透明为止。急性的用20℃左右的冷溶液,慢性的用40℃左右的热溶液。洗涤后可根据情况,灌注青霉素或链霉素,通常合用,青霉素每次为20万单位,链霉素为0.5~1 g;也可采用新霉素、多黏菌素、林可霉素及壮观霉素等抗菌谱广的抗生素。为了防止注入的溶液外流,所用的溶剂(生理盐水或注射用水)数量不宜过大,一般为20~30 mL。

(3)应用子宫收缩剂。为增强子宫收缩力,促进渗出物的排出,可给予己烯雌酚、垂体后叶素、氨甲酰胆碱、麦角制剂等。

(4)如怀疑为子宫积水,可肌肉注射己烯雌酚 10 mg,或前列腺素 $F_{2\alpha}$ 0.5~1 mg,让其排出子宫内的炎性渗出物,然后冲洗灌注。

三、公羊不育

睾丸炎包括由损伤和感染引起的各种急性和慢性睾丸炎。

【病因及病原】

(1)由损伤引起感染 常见损伤为打击、啃咬、尖锐硬物刺伤和撕裂伤等,继之由葡萄球菌、链球菌和化脓棒状杆菌等引起感染,外伤引起的睾丸炎常并发睾丸周围炎。

(2)血行感染 某些全身感染如布氏杆菌病、结核病、放线菌病、鼻疽、腺疫沙门氏杆菌病、乙型脑炎等可通过血行感染引起睾丸炎症,另外,衣原体、支原体、脲原体和某些疱疹病毒也可以经血流引起睾丸感染。在布氏杆菌病流行地区,布氏杆菌感染可能是引起睾丸炎最主要的原因。

(3)炎症蔓延　睾丸附近组织或鞘膜炎症蔓延;副性腺细菌感染沿输精管道蔓延均可引起睾丸炎症。附睾和睾丸紧密相连,常同时感染和互相继发感染。

【症状】

(1)急性睾丸炎　睾丸肿大、发热、疼痛;阴囊发亮;公羊站立时弓背,后肢广踏,步态拘强,拒绝爬跨;触诊可发现睾丸紧张,鞘膜腔内有积液,精索变粗,有压痛。病情严重者体温升高,呼吸浅表,脉频,精神沉郁,食欲减少。并发化脓感染者,局部和全身症状加剧。在个别病例,脓汁可沿鞘膜管上行入腹腔,引起弥漫性化脓性腹膜炎。

(2)慢性睾丸炎　睾丸不表现明显热痛症状,睾丸组织纤维变性,弹性消失,硬化,变小,产生精子的能力逐渐降低或消失。

一些传染病引起的睾丸炎往往有特殊症状:结核性睾丸炎常波及附睾,呈无热无痛冷性脓肿;布氏杆菌和沙门氏杆菌常引起睾丸和附睾高度肿大,最终引起坏死性化脓病变;鼻疽性睾丸炎常呈慢慢经过,阴囊呈现慢性炎症,皮肤肥厚肿大,固着粘连。

【病理变化】炎症引起的体温增加和局部组织温度增高以及病原微生物释放的毒素和组织分解产物都可以造成生精上皮的直接损伤。睾丸肿大时,由于白膜缺乏弹性而产生高压,睾丸组织缺血而引起细胞变性,各种炎症损伤中,首先受影响的主要是生精上皮,其次是支持细胞,只有在严重急性炎症情况下睾丸间质细胞才受到损伤。据测定,在轻度、重度和最重度3组睾丸炎患者中,只有最重度组睾丸炎患睾酮水平下降,血浆促黄体素明显升高,肾上腺皮质代偿性肥大。

单侧睾丸炎症引起的发热和压力增大也可以引起健侧睾丸组织变性。

【治疗和预后】急性睾丸炎病羊应停止使用,安静休息;早期(24 h内)可冷敷,后期可温敷,加强血液循环,使炎症渗出物消散;局部涂擦鱼石脂软膏、复方醋酸铅散;阴囊可用绷带吊起;全身使用抗生素药物;局部可在精索区注射盐酸普鲁卡因青霉素溶液(2%盐酸普鲁卡因20 mL,青霉素80万单位),隔日注射1次。

技能训练

羊的繁殖性疾病的治疗

(1)训练准备

(2)操作规程

工作环节	操作规程	操作要求
急性睾丸炎治疗	急性睾丸炎病羊应停止使用,安静休息;早期(24 h)可冷敷,后期可温敷,加强血液循环,使炎症渗出物消散;局部涂擦鱼石脂软膏、复方醋酸铅散;阴囊可用绷带吊起;全身使用抗生素药物;局部可在精索区注射盐酸普鲁卡因青霉素溶液(2%盐酸普鲁卡因20 mL,青霉素 80 万单位),隔日注射 1 次	根据病情准确判断,及时治疗
羊子宫内膜炎的治疗	①对于急性子宫内膜炎,应注射青霉素或链霉素 ②进行子宫冲洗和灌注。选用生理盐水、0.1%高锰酸钾溶液、0.1%～0.2%雷夫奴尔溶液、0.1%复方碘溶液等,每日或隔日冲洗子宫,至排出的液体透明为止。急性的用 20℃左右的冷溶液,慢性的用 40℃左右的热溶液。洗涤后可根据情况,灌注青霉素或链霉素,通常合用,青霉素每次为 20 万单位,链霉素为 0.5～1 g;也可采用新霉素、多黏菌素、林可霉素及壮观霉素等抗菌谱广的抗生素。为了防止注入的溶液外流,所用的溶剂(生理盐水或注射用水)数量不宜过大,一般为 20～30 mL ③应用子宫收缩剂。为增强子宫收缩力,促进渗出物的排出,可给予己烯雌酚、垂体后叶素、氨甲酰胆碱、麦角制剂等 ④如怀疑为子宫积水,可肌肉注射己烯雌酚 10 mg,或前列腺素 $F_{2\alpha}$ 0.5～1 mg,让其排出子宫内的炎性渗出物,然后冲洗灌注	
卵巢囊肿治疗	首先应当改善饲料管理条件,给以富含磷和维生素 A 的日粮,防止精料过多。对于舍饲的高产奶山羊,可以增加运动。同时可选用以下疗法: ①激素疗法　对于卵巢囊肿,多采用激素疗法,但所用的制剂和剂量各不相同。现将效果不同、比较可靠的几种疗法介绍于下: a. 促黄体素释放激素(LH～RH)0.1～0.25 mg,一次肌肉注射,对卵泡囊肿效果显著 b. 促黄体素(LH)10～30 单位,一次肌肉注射或皮下注射 c. 人绒毛膜促性腺激素(hCG)500～1 000 单位,一次肌肉注射 d. 黄体酮 5～10 mg,一次肌肉注射,每天 1 次,连用 3 次 e. 地塞米松 1～2 mg,一次肌肉注射,隔日 1 次,连用 3 次 对于黄体囊肿,可采用前列腺素 $F_{2\alpha}$(PGF$_{2\alpha}$)0.5～1 mL,肌肉注射,每天 1 次,连用 2 d。也可采用促卵泡素(FSH)20～30 单位肌肉注射,2～3 d 1 次,3 次为 1 个疗程 ②人工促进泌乳　此法对于奶山羊是一种最为经济的办法	

续表

工作环节	操作规程	操作要求
布氏杆菌病治疗	病羊头数不多,且价值不大者,以淘汰屠宰为宜,肉煮熟或高温处理后利用。若病羊数量很多,又有特殊价值,可在隔离条件下适当治疗。对流产伴发子宫内膜炎或胎衣不下经剥离后的病羊,可用0.1%高锰酸钾溶液洗涤阴道和子宫。严重病例可用抗生素和磺胺类药物进行治疗	
先兆流产的处理	临床上出现孕羊腹痛、起卧不安、呼吸和脉搏加快等现象,可能流产。处理的原则为安胎,使用抑制子宫收缩药,为此可采用如下措施: ①肌肉注射孕酮10～30 mg,每日或隔日1次,连用数次。为防止习惯性流产,可在妊娠的一定时间试用孕酮,也可注射1%硫酸阿托品 ②给以镇静剂,如溴剂、氯丙嗪等 ③禁行阴道检查,尽量控制阴道检查,以免刺激母羊。可进行牵遛,以抑制努责 若先兆流产经上述处理,病情仍未稳定下来,阴道排出物继续增多,起卧不安加剧;阴道检查,子宫颈已经开放,胎囊已进入阴道或已破水,流产已难避免,应尽快促使子宫内容物排出,以免胎儿死亡腐败引起子宫内膜炎,影响以后受孕 如子宫颈口已经开大,可用手将胎儿拉出。流产时,应在子宫及产道内灌入润滑剂。位置及姿势往往反常,如胎儿已经死亡,矫正时有困难,可以行使截胎术。如子宫颈口开张不大,手不易伸入,可采用人工引产的方法,促使子宫颈开放,并刺激子宫收缩	
延期流产的处理	胎儿发生干尸化或浸溶者,首先可使用前列腺素制剂,继之或同时应用雌激素,溶解黄体并促使子宫颈扩张。同时因为产道干涩,在干尸化胎儿,由于胎儿头颈及四肢蜷缩在一起,且子宫颈开放不大,必须用一定力量才能将胎儿取出 在胎儿浸溶,如软组织已基本液化,须尽可能将胎骨逐块取净。分离骨骼有困难时,须根据情况先加以破坏后再取出。如治疗得早,胎儿尚未浸溶,仍呈气肿状态,可将其腹部抠破,缩小体积,然后取出。操作过程中,术者须防止自己受到感染 取出干尸化及浸溶胎儿后,因为子宫中留有胎儿的分解组织,必须用消毒液或5%～10%盐水等冲洗子宫,并注射子宫收缩药,使液体排出。对于胎儿浸溶,因为有严重的子宫炎及全身变化,必须在子宫内放入抗生素,并需特别重视全身治疗,以免发生不良后果	

(3)作业　记录操作过程。

项目四　家禽繁殖技术

任务一　采　精

【知识目标】

　　1. 了解家禽生殖器官的组成、结构及功能。

　　2. 掌握家禽人工授精技术,重点掌握鸡的人工授精技术。

【能力目标】

　　1. 学会鸡的采精。

　　2. 提高学生的动手能力,锻炼学生的吃苦精神。

【基础知识】

一、采精适龄

　　一般情况下,种公鸡应发育到22～26周龄时进行采精。

二、种公鸡群的建立与比例

　　(1)第一次选择应在6～8周龄进行　选留个体发育良好、冠髯大而鲜红的公鸡,有缺陷者应淘汰,且选留比例应稍大。

　　(2)第二次选择应在17～18周龄进行　选留发育良好,符合标准体重,腹部柔软,按摩时有性反应的公鸡。选留比例要大于最终计划选留数的30%。

　　(3)第三次选择应在20周龄进行　选留主要根据体重和精液品质,按每百只母鸡选留3～5只种公鸡的比例进行。

三、采精训练

按管理要求饲养种公鸡;选择适宜的采精方法——按摩采精法;种公鸡单笼饲养1周后,按采精方法操作要进行采精训练,每天1～2次;训练时对性反应迟钝者应加强训练或淘汰处理;对精液品质不符合要求的种公鸡或在排精同时有排粪的种公鸡,均应淘汰处理。

四、采精前的准备

1. 种公鸡的准备

(1)断水断料　种公鸡在采精前3～4 h断水断料,防止采精时排粪,污染精液。

(2)剪羽毛　剪去种公鸡肛门周围的羽毛。

(3)清洗消毒　用70%酒精棉球对种公鸡肛门周围皮肤擦拭消毒,再用蒸馏水擦洗,待微干后采精。

2. 采精器具与物品准备

(1)器具准备　采精用具主要是采精杯,一般由优质棕色玻璃制成。

(2)消毒　采精、贮精器具必须经高压消毒后备用。集精瓶内水温应保持在30～35℃。

3. 采精员准备

操作人员必须熟练掌握采精技术要领,操作娴熟。

五、采精

种公鸡的采精方法主要有以下3种。

1. 母鸡诱情法

用母鸡引诱公鸡,待公鸡踏上母鸡背部与其交配时,用集精杯挡住母鸡泄殖腔,同时挤压公鸡泄殖腔,而采得精液。目前使用较少。

2. 电刺激采精法

电刺激采精法一般由3人操作:一人保定种公鸡,一人拨动电刺激仪开关,一人采精。具体操作方法和步骤如下:

(1)保定　保定员既要使公鸡安静,又要防止公鸡挣脱以便于采精。

(2)采精员准备　采精员准备好集精杯,左手持正电极插入公鸡髂骨区皮下,右手持负电极插入直肠4 cm处。

(3)电刺激　打开采精仪开关通电刺激,重复3～5次,根据公鸡反应,不断升高电压,直至排精。

(4)接取精液　当公鸡有排精表现时,采精员用集精杯接取精液。

3. 按摩采精法

公鸡的按摩采精法有背腹式按摩采精法和背式按摩采精法两种。

(1)种公鸡保定

①双人操作保定。助手双手握种公鸡大腿基部,并压住主翼羽防止扇动,使其双腿自然分开,尾部朝前,头向后固定于助手右侧腰部使头尾保持水平或尾稍高于头部。

②单人操作保定。采精员系上围裙坐于凳子上,用大腿夹住鸡双腿,鸡头朝向左下侧,可空出双手。

(2)采精操作步骤

①背腹式按摩采精法。采精员用右手中指与无名指夹住采精杯,杯口向外;左手掌向下,贴于公鸡背部,从背鞍向尾羽方向滑动按摩数次,以降低公鸡的惊恐,并引起性感;右手在左手按摩的同时,以掌心按摩公鸡腹部;当种公鸡表现出性反射时,左手迅速将尾羽翻向背侧,并用左手拇指、食指挤捏泄殖腔上部两侧,右手拇指、食指挤捏泄殖腔下侧腹部柔软处,轻轻抖动触摸;当公鸡翻出交媾器时或右手指感到公鸡尾部和泄殖腔有下压感时,左手拇指、食指即可在泄殖腔上部两侧适当挤压;当精液流出时,右手迅速反转使集精杯口上翻,置于交媾器下方,接取精液。

②背式按摩采精法。采精员右手持集精杯置于泄殖腔下部的软腹处;左手自公鸡的翅基部向尾根方向连续按摩 3~5 次。按摩时手掌紧贴公鸡背部,稍施压力。近尾部时手指并拢紧贴尾根部向上滑动,施加压力可稍大;公鸡泄殖腔外翻时,左手放于尾根下,用拇指、食指在泄殖腔上部两侧施加压力;右手持集精杯置于交媾器下方接取精液。

(3)注意事项

①保持采精场所的安静和清洁卫生。

②采精人员要固定,采精日程要固定。

③采精过程不能粗暴、惊吓公鸡。

④捏压泄殖腔力度要适中,过轻、过重均不利排精,甚至造成种公鸡损伤。

⑤采精过程中,要保持无菌操作。

⑥采出的精液要置于 30~35℃的环境中。

六、采精频率

鸡的采精次数为每周 3 次或隔日 1 次。公鸡每天早上或下午的性欲最旺盛,是采精的最佳时间。

技能训练

鸡的采精技术

(1)训练准备　种公鸡、集精杯。

(2)操作过程

工作环节	操作规程	操作要求
电刺激采精法	①保定。保定员既要使公鸡安静,又要防止公鸡挣脱以便于采精 ②采精员准备。采精员准备好集精杯,左手持正电极插入公鸡髂骨区皮下,右手持负电极插入直肠 4 cm 处 ③电刺激。打开采精仪开关通电刺激,重复 3～5 次,根据公鸡反应,不断升高电压,直至排精 ④接取精液。当公鸡有排精表现时,采精员用集精杯接取精液	操作动作熟练,能采取精液
背腹式按摩采精法	①采精员用右手中指与无名指夹住采精杯,杯口向外 ②左手掌向下,贴于公鸡背部,从背鞍向尾羽方向滑动按摩数次,以降低公鸡的惊恐,并引起性感;右手在左手按摩的同时,以掌心按摩公鸡腹部 ③当种公鸡表现出性反射时,左手迅速将尾羽翻向背侧,并用左手拇指、食指挤捏泄殖腔上部两侧,右手拇指、食指挤捏泄殖腔下侧腹部柔软处,轻轻抖动触摸 ④当公鸡翻出交媾器时或右手指感到公鸡尾部和泄殖腔有下压感时,左手拇指、食指即可在泄殖腔上部两侧适当挤压 ⑤当精液流出时,右手迅速反转使集精杯口上翻,置于交媾器下方,接取精液	操作动作熟练,能采取精液
背式按摩采精法	①采精员右手持集精杯置于泄殖腔下部的软腹处 ②左手自公鸡的翅基部向尾根方向连续按摩 3～5 次 ③按摩时手掌紧贴公鸡背部,稍施压力。近尾部时手指并拢紧贴尾根部向上滑动,施加压力可稍大 ④公鸡泄殖腔外翻时,左手放于尾根下,用拇指、食指在泄殖腔上部两侧施加压力 ⑤右手持集精杯置于交媾器下方接取精液	操作动作熟练,能采取精液

(3)作业　记录操作过程。

任务二 输 精

【知识目标】

1. 掌握母鸡的输精时间。

2. 掌握输精剂量。

3. 学会鸡的输精方法。

【能力目标】

1. 熟练掌握输精方法。

2. 锻炼学生动手能力。

【基础知识】

一、输精时间与间隔

（一）输精时间

母鸡应在下午 4 时以后输精较为适宜。

（二）输精时间间隔

一般 5～7 d 输精一次。输精间隔不是固定不变的，要根据品种、年龄、季节、输精量和受精率及时调整。

二、输精量

原精液输精量应为 0.025～0.05 mL；稀释后的精液，每次输精量应保证有效精子数不少于 0.5 亿～1 亿个。

三、输精方法与操作步骤

（一）输精前的准备

1. 母鸡的选择

输精母鸡应是营养中等、泄殖腔无炎症的母鸡。

2. 器具及用品准备

准备输精器数支，精液或稀释后的精液。

（二）输精方法与操作步骤

鸡的输精方法有阴道输精法和子宫输精法两种。

1. 阴道输精法

阴道输精法需两人操作,其操作步骤如下。

助手通过左右手保定,使母鸡泄殖腔反转向上同时以适当压力使泄殖腔内的输卵管开口外翻,并使母鸡尾部转向输精员;输精员将吸取备用精液的输精器插入泄殖腔外露的左侧口,即阴道口内 1.5~3 cm 处;将精液注入阴道;抽出输精器,擦拭消毒后晾干备用。

2. 子宫输精法

保定母鸡,助手以右手食指隔直肠将子宫内硬壳蛋固定于靠近左侧腹壁;输精员将吸有精液的注射器从蛋前 1/3 处的腹壁进针,一次刺入子宫直抵蛋壳,再向头部水平方向推进 0.5~1 cm,注入精液;抽出注射器,消毒针头。

四、输精注意事项

(1)首次输精应充分保证足够的有效精子数。

(2)抓捕母鸡和输精动作要轻缓。

(3)注入精液同时应放松对母鸡腹部的压迫。

(4)遵守无菌操作,严防病原传播。

技能训练

鸡的输精技术

(1)训练准备　种母鸡、输精器。

(2)操作过程

工作环节	操作规程	操作要求
阴道输精法	①助手通过左右手保定,使母鸡泄殖腔反转向上同时以适当压力使泄殖腔内的输卵管开口外翻,并使母鸡尾部转向输精员 ②输精员将吸取备用精液的输精器插入泄殖腔外露的左侧口,即阴道口内 1.5~3 cm 处 ③将精液注入阴道 ④抽出输精器,擦拭消毒后晾干备用	能熟练操作,并能准确将精液输入子宫中
子宫输精法	① 保定母鸡,助手以右手食指隔直肠将子宫内硬壳蛋固定于靠近左侧腹壁 ②输精员将吸有精液的注射器从蛋前 1/3 处的腹壁进针,一次刺入子宫直抵蛋壳,再向头部水平方向推进 0.5~1 cm,注入精液 ③抽出注射器,消毒针头	能熟练操作,并能准确将精液输入子宫中

（3）作业 记录你的操作过程。

知识链接1

家禽生殖器官

一、家禽生殖器官的组成、结构及功能

（一）公禽生殖器官

公禽生殖器官由1对睾丸、附睾、输精管和交配器官组成。

1. 睾丸

（1）形态与结构 公禽的睾丸终生存在于腹腔内，呈卵圆形，左右各一，大小、重量随品种、年龄和性活动期的不同而有很大的差异。

（2）功能 产生精子；分泌雄性激素。

2. 附睾

（1）形态与结构 附睾较小或不明显，呈长纺锤形管状膨大物，位于睾丸背内侧凹缘，主要由睾丸输出管构成。

（2）功能 精子进出的通道；分泌功能。

3. 输精管

（1）形态与结构 1对极弯曲的细管，前接附睾管，终止于泄殖腔两侧。

（2）功能 储存精子；分泌功能；精子成熟场所。

（3）精清来源 主要由曲细精管的支持细胞以及输出管和输精管等的上皮细胞所分泌。

4. 交配器官

公鸡没有阴茎，有一个勃起的交配器。公鸭和公鹅有较发达的交配器官。

（二）母禽生殖器官

母禽只有左侧卵巢和输卵管正常发育，具有繁殖机能，生殖器官包括卵巢和输卵管。

1. 卵巢

（1）形态与结构 母禽卵巢呈结节状，梨形，以卵巢系膜韧带附着于背侧体壁。

（2）卵泡发育与排卵 在母禽休产期或性成熟前，卵巢皮质具有白色结节球状内含卵子的卵泡。每个卵泡含有一个卵母细胞或生殖细胞。未受精蛋蛋黄表面有一白点，称为胚珠。受精蛋，生殖细胞形成胚盘。

（3）功能 产生卵子；分泌激素。

2. 输卵管

输卵管依其形态和机能不同可顺次分为5个部分，即喇叭部、膨大部、峡部、子

宫部和阴道部。

(1)喇叭部

结构　形似喇叭,为输卵管的入口,产蛋期间的长度为 3～9 cm。

功能　接纳卵子;受精部位。

(2)膨大部

结构　为最长、弯曲最多的部分,长 30～50 cm,壁较厚,黏膜形成纵褶。

功能　分泌;形成卵蛋白和卵系带。

(3)峡部

结构　为输卵管短而较细的一段,长约 10 cm。

功能　分泌部分蛋白和形成蛋白内、外壳膜;补充蛋白的水分。

(4)子宫部

结构　呈囊状。

功能　分泌子宫液。

(5)阴道部

结构　输卵管最后一部分,弯曲成"S"形,开口于泄殖腔壁的左侧。

功能　交配后可贮存部分精子,交配时翻出接受公禽射出的精液。

二、不同家禽生殖器官的观察

(一)公禽生殖器官的特点

1. 公鸡生殖器官的特点

(1)睾丸　位于腹腔内,对称分布于脊柱的两侧,形状为椭圆形。

(2)附睾　发育差,比较小,呈长椭圆形,位于睾丸的背内侧缘,颜色深黄。

(3)输精管　位于脊柱的两侧,是 1 对从附睾到泄殖腔的弯曲细管,与输尿管并行。

(4)交配器官　公鸡的交配器官极小,没有真正的阴茎,只有 3 个并列的小突起,称为阴茎体。但公鸡有一套完整的交配器,由输精管乳头、阴茎、淋巴褶和泄殖孔组成。

2. 公鸭和公鹅生殖器官的特点

(1)睾丸　左右对称,呈豆状,左侧稍大于右侧。

(2)附睾　较小或不明显,仅为睾丸附近的一群小管。

(3)输精管　1 对弯曲的细管,与输尿管平行,向后逐渐变粗。

(4)交配器官　公鸭和公鹅有较发达的阴茎。

(二)母禽生殖器官的特点

1. 母鸡生殖器官的特点

(1)卵巢

形态与结构 位于腹腔左侧,以卵巢系膜韧带附着于背侧体壁,呈一串葡萄状。

卵泡发育和排卵 卵巢上每一个卵泡内包有一个卵子,在接近性成熟时,有些卵子开始迅速增长,9～10 d 内就可完全成熟,成熟后排出的卵一般重 16～18 g。排卵时,卵泡膜在薄弱而无血管的卵泡斑处破裂,将卵子释出。排卵后 2 周内,卵泡膜退化消失。

(2)输卵管 母鸡的输卵管是一个高度分化的器官,占据腹腔左侧大部分,其前端接近卵巢,后端开口于泄殖腔。根据构造与功能,可分为漏斗部、膨大部、峡部、子宫和阴道 5 部分。

(3)阴道 为输卵管的最后一部分,开口于泄殖腔背壁的左侧,平时折曲成"S"形。

2. 母鸭和母鹅生殖器官的特点

(1)卵巢

结构 左卵巢以卵巢系膜韧带附着于左肾前端的腹腔背侧壁。

卵泡发育和排卵 鸭、鹅卵巢的卵泡一般只有少数达到成熟并排卵。

(2)输卵管 为一弯曲长管,起始于卵巢下方,后端开口于泄殖腔。根据其形态和功能不同,可将输卵管分为漏斗部、膨大部、峡部、子宫和阴道 5 部分。

知识链接 2

鸭、鹅的人工授精技术

鸭、鹅的人工授精技术包括采精、精液处理和输精 3 个环节。

一、鸭、鹅的采精

(一)采精适龄

鸭的采精适龄为 24～27 周龄,鹅的采精适龄为 32～36 周龄。

(二)采精训练

选留体格中等、生殖器发育正常的种公鸭(鹅),于开始采精前 2～4 周投入单笼饲养,进行采精训练,每天 1～2 次,连续 7～10 d,直至采到精液,通过精液品质鉴定,选留精液量多、品质符合要求者做种用,淘汰精液品质不佳及排精同时排粪者。

（三）采精前准备

鸭（鹅）采精前的准备工作与鸡相同，采精用具主要为集精杯。

（四）采精

1. 按摩采精法一

助手采用与种公鸡的按摩法保定相同的方法保定公鸭（鹅）；采精者左手由背向尾按摩，连续按摩数次后，抓住尾羽，用左手拇指与食指插入泄殖腔两侧，并沿腹部柔软部上下按摩数次。当泄殖腔周围肌肉充血膨胀向外突起时，将左手拇指和食指紧贴于泄殖腔上下部，右手拇指、食指紧贴于泄殖腔左、右两侧。两手有节奏交替捏挤充血突起的泄殖腔。当公鸭（鹅）阴茎外露时，左手捏住泄殖腔左右两侧，防止阴茎缩回，并继续按摩。右手迅速将集精杯置于阴茎下，接取精液，但左手要继续捏压阴茎基部，直至精液排完为止。

2. 按摩采精法二

采精者坐于凳上，将公鸭（鹅）放在膝盖上，使其尾部朝向左侧；助手在采精者右侧，左手握住鸭（鹅）两腿固定，使其保持爬伏姿势。右手持集精杯待用；采精者将左手拇指和其余四指分开，自然弯曲，掌心向下，并放在鸭（鹅）背两翅基部，由此向尾按摩数次，并夹压尾羽；用右手掌托住软腹部由前向后按摩至泄殖腔数次，直至泄殖腔周围充血；左手拇、食指紧贴于泄殖腔上、下侧，右手拇、食指紧贴于泄殖腔左、右两侧。两手有节奏捏压按摩充血的泄殖腔；当公鸭（鹅）将阴茎伸出时，左手继续捏压泄殖腔左右两侧防止阴茎缩回，以利于排精；助手右手持集精杯置于阴茎下方，接取精液。

（五）采精时间与频率

精液若用于保存，上午、下午采精均可，若直接用于输精，鸭应在上午采精，鹅应在下午采精。合理的采精频率应为每周 3 次或隔日 1 次。

二、鸭、鹅的输精

（一）鸭、鹅的输精时间与输精量

1. 输精时间

鸭一般在早上或夜间产蛋，适宜的输精时间应安排在上午。鹅一般在中午产蛋，故应在下午输精，但有人认为鹅上午输精也有较高的受精率。

2. 输精时间间隔

输精间隔时间以 5～7 d 为宜。

3. 输精量

鸭输精时,若用原精液,每次输精量应为 0.05~0.08 mL;若用 1 : 1 稀释的精液,每次输精量应为 0.1 mL。

鹅输精时,若用原精液,每次输精量应为 0.03~0.08 mL;若用稀释后的精液,每次输精量应为 0.1 mL。

(二)输精前的准备

1. 输精母鸭(鹅)的准备

母鸭、母鹅的准备参考母鸡的准备。

2. 器具和用品准备

输精器数支、精液、酒精棉球、输精台等。

(三)输精方法及操作

1. 阴道输精法

(1)助手将母鸭(鹅)固定于输精台上,用左、右两手的拇、食指分别握住母鸭(鹅)的一只腿,其余三指伸至泄殖腔两侧,压迫母鸭(鹅)的腹部(后腹用力要稍大)。

(2)输精员用消毒后的输精器吸取精液备用。

(3)输精员用右手以执笔式持拿输精器,左手在母鸭(鹅)泄殖腔尾侧向下稍加压力,泄殖腔外翻,露出阴道口(左侧口)。

(4)输精员将输精器插入阴道口,鸭 4~6 cm,鹅 5~7 cm,缓缓推注精液。

(5)推注精液时,助手慢慢松手以降低腹压,防止精液倒流,并使泄殖腔缩回。

(6)抽出输精器,用酒精棉球擦拭消毒,晾干备用。

2. 手指引导输精法

(1)助手将母鸭(鹅)固定于输精台上。

(2)输精员用消毒过的输精器吸取精液备用。

(3)输精员右手食指插入母鸭(鹅)泄殖腔,寻找并插入阴道。

(4)左手持输精器沿右手食指腹侧插入输精器。

(5)推注精液的同时右手食指向外缓缓抽出防止留有空气。

(6)抽出输精器,用酒精棉球擦拭消毒,晾干备用。

三、提高种蛋受精率的途径

种蛋受精率的高低是决定家禽繁殖速度的关键,也直接影响着种禽场的质量信誉和经济效益。在种禽的管理中,应从以下 4 方面采取措施,确保种蛋受精率的提高。

（一）加强种禽的饲养管理是提高种蛋受精率的基础

（1）适时科学地选择、培育、建立优良种禽群。

（2）加强营养，重视营养平衡，尤其是氨基酸、维生素、矿物质的平衡。严防发育过速或迟缓、过肥或过瘦等。

（3）加强运动，增强种禽体质。在育成种禽后期最好单笼隔离饲养，防止斗架损伤或其他损伤。

（4）种禽不宜强制换羽，以免影响其使用年限和受精率。

（二）优质精液来源是提高种蛋受精率的前提

种公禽的精液品质直接影响受精率的高低。种禽群的精液优劣是由每只种禽精液的优劣决定的。因此，配种采精前及其以后应定期、不定期对精液品质进行评估和鉴定。凡不符合要求的，应将相应种禽剔除后并给以补充新种禽，以确保优质精液的来源。

（三）人工授精质量是提高种蛋受精率的技术关键

人工授精员应有丰富的人工授精知识和相关知识，如采精时间、频率、精液保存温度、环境、输精的时间、次数等。必须熟练掌握人工授精的技术操作要领、注意事项和实际生产经验，这样才能保证人工授精的质量，进而提高受精率。

（四）加强人员管理是提高种蛋受精率的根本

饲养管理人员和人工授精技术人员，应增强责任心，不断学习，提高饲养水平、管理水平和技术水平。技术操作要严格按要求进行，且规范熟练。每群种禽的饲养管理人员和授精员应相对固定。并有严明的奖罚制度，以实现种蛋受精率的稳定提高。

参考文献

1. 李青旺,胡建宏. 畜禽繁殖与改良. 2 版. 北京:高等教育出版社,2009.8.
2. 张忠诚. 家畜繁殖学. 4 版. 北京:高等教育出版社,2004.11.
3. 冯建中. 羊繁殖实用技术. 北京:中国农业出版社,2004.1.
4. 奶牛繁殖技术. 北京:中国农业大学出版社,2006.9.
5. 猪的高效繁殖实用技术. 北京:中国农业科学技术出版社,2007.